Muhammad Sarwar

Cultura de ácaros predadores (Acari: Phytoseiidae) para libertação

Muhammad Sarwar

Cultura de ácaros predadores (Acari: Phytoseiidae) para libertação

ScienciaScripts

Imprint

Any brand names and product names mentioned in this book are subject to trademark, brand or patent protection and are trademarks or registered trademarks of their respective holders. The use of brand names, product names, common names, trade names, product descriptions etc. even without a particular marking in this work is in no way to be construed to mean that such names may be regarded as unrestricted in respect of trademark and brand protection legislation and could thus be used by anyone.

Cover image: www.ingimage.com

This book is a translation from the original published under ISBN 978-3-330-34595-9.

Publisher:
Sciencia Scripts
is a trademark of
Dodo Books Indian Ocean Ltd. and OmniScriptum S.R.L publishing group

120 High Road, East Finchley, London, N2 9ED, United Kingdom
Str. Armeneasca 28/1, office 1, Chisinau MD-2012, Republic of Moldova, Europe
Printed at: see last page
ISBN: 978-620-7-66071-1

RESUMO

Os estudos realizados para revelar a biologia dos ácaros fitófagos e predadores no que diz respeito às suas possibilidades de criação em massa utilizando diferentes hospedeiros revelaram que certos factores do material hospedeiro, para além dos efeitos prováveis nas actividades do predador e da presa, também afectaram os seus parâmetros biológicos. Foram escolhidas as plantas hospedeiras Lablab purpureus (L.), feijão-da-índia Phaseolus lunatus L. e feijão-comum Phaseolus vulagris L. para descobrir as possíveis relações entre as variáveis da planta hospedeira e o predador Neoseiulus pseudolongispinosus (Xin, Liang & Ke) (Phytoseiidae) e a presa Tetranychus urticae Koch. De acordo com estes resultados, os feijões L. purpureus e P. lunatus constituíram as espécies de plantas hospedeiras mais adequadas para a criação de ácaros devido ao curto tempo de desenvolvimento, à elevada longevidade e às altas taxas de fecundidade dos ácaros. Morfologicamente, as espécies vegetais mostraram que as arquitecturas essenciais das folhas variavam significativamente entre elas, uma vez que L. purpureus e P. lunatus possuíam significativamente mais espessura e área foliar, o que, juntamente com os constituintes da planta sendo intervencionados pelas larvas, ninfas ou adultos de T. urticae, levou a um bom estabelecimento populacional do predador. Investigações laboratoriais conduzidas sobre a biologia de Tyrophagus putrescentiae (Schrank), um ácaro de alimentos armazenados e predador de N. pseudolongispinosus, usando farinha de soja (Glysin max L.), trigo (Triticum aestivum L.) e milho (Zea mays L.), como hospedeiros, revelaram que as respostas de ambos os ácaros variaram de acordo com o tipo de alimento. Foi confirmado pelos estudos de dieta que o ácaro predador preferiu o trigo e o milho como presas de T. putrescentiae, mas também atacou o ácaro do bolor criado na soja. A adequação do desenvolvimento de N. pseudolongispinosus, utilizando adultos e diferentes instares, foi testada em ovos de Loxostege sticticalis L. (Lepidoptera: Pyralidae) para a sua possível utilização em programas de controlo biológico. A eficácia do predador de ácaros como potencial agente de controlo biológico foi estimada através da medição das taxas de consumo de presas e das características biológicas das diferentes fases de vida. O desenvolvimento bem sucedido de diferentes fases de vida do predador ocorreu quando o item alimentar acima mencionado foi fornecido. Em grande medida, este ácaro predador pode essencialmente atuar no controlo biológico de L. sticticalis nas culturas em ambiente de campo.

A estratégia de alimentação substituta em relação ao consumo de presas, fecundidade, tempo de desenvolvimento e longevidade dos predadores de ácaros Neoseiulus (Amblyseius) cucumeris (Oudemans) foi determinada na presença ou ausência de insectos-alvo e pragas de acarinos. As pragas mundiais, o ácaro dos alimentos armazenados Tyrophagus putrescentiae (Schrank), o ácaro vermelho Tetranychus urticae Koch e o tripes das flores ocidentais Frankliniella occidentalis (Pergande) foram utilizados como presas para o ácaro predador. Para N. cucumeris, foram observadas diferenças significativas entre os tipos de dieta de presas utilizadas, T. putrescentiae foi a presa mais preferida, seguida de perto por T. urticae, enquanto F. occidentalis foi a menos preferida. Alternativamente, após a transferência para um novo hospedeiro, os adultos de N. cucumeris, cuja população parental foi alimentada com F. occidentalis, mostraram preferência alimentar por T. putrescentiae e T. urticae. A geração parental de N. cucumeris criada em T. putrescentiae e T. urticae também aceitou F. occidentalis como presa substituta, mas a predação inadequada foi aparente devido à redução da produção de ovos, do período de crescimento e da sobrevivência. A experimentação foi iniciada para avaliar os parâmetros de vida de N. cucumeris criados em diferentes pólenes de plantas de milho Zea mays L., feijão-mungo Vigna radiata L., pimentão Capsicum annuum L., tomate Lycopersicon esculentum Mill., pepino Cucumis sativus L. e rosa Rosa multiflora Thunb. em combinação com o ácaro T. putrescentiae para determinar as possibilidades da sua utilização na prática. O predador N. cucumeris mostrou a capacidade mais eficiente para as características da história de vida em grãos de pólen ingeridos de milho e feijão-mungo em combinação com T. putrescentiae, que provou ser uma dieta vegetal-animal suficiente. O tempo médio de desenvolvimento desde a larva neonata até à emergência do adulto variou entre os diferentes pólenes de 7,50 a 8,32 dias, com o valor mais baixo registado nos pólenes de milho e de feijão-mungo, enquanto o mais elevado foi registado nos pólenes de pepino e de rosa.

Experiências de culturas protegidas examinaram a eficácia de 4 predadores de ácaros, tais como Neoseiulus pseudolongispinosus (Xin, Liang & Ke), Euseius castaneae (Wang & Xu), Euseius utilis (Liang & Ke) e Euseius finlandicus (Oudemans) (Phytosiidae), libertados para a supressão do ácaro Tetranychus cinnabarinus (Boisduval) que infesta o pimento doce (Capsicum annuum L.) em estufa. Quando os ácaros predadores foram libertados preventivamente nas plantas de pimentão, estabeleceram-se bem e conseguiram reduzir a população de ácaros numa densidade inferior entre as plantas libertadas e as não libertadas. Entre todos os tratamentos testados, os predadores de ácaros N. pseudolongispinosus, E. utilis e E. castaneae revelaram-se mais eficientes do que E. finlandicus nas plantas libertadas, em comparação com o tratamento de controlo em que não foram libertados predadores. Os resultados da distribuição dos artrópodes-praga na copa das plantas indicaram que foram encontrados mais ácaros nas folhas superiores do que nas folhas intermédias e inferiores. A eficiência de quatro espécies de ácaros Phytoseiid investigadas quanto ao seu potencial como agentes de controlo biológico em parcelas de controlo tratadas e não tratadas em pepino (Cucumis sativus L.), em condições de estufa, mostraram que os instares de adultos e ninfas criados em laboratório de todos os predadores atacaram eficazmente o artrópode sugador Frankliniella occidentalis (Pergande), o ácaro T. cinnabarinus e a mosca branca Trialeurodes vaporariorum (Westwood), pragas que foram mantidas sob controlo.

A resistência de três variedades de algodão transgénico Bt (GK-12, Lu-23 e SGK-321) e convencional não Bt (Zhong-12, Shiyuan-321 e Simian-3) foi avaliada quanto à abundância de ácaros predadores e fitófagos em condições de campo. As diferenças observadas entre as variedades de algodão foram no que se refere à retenção das populações do ácaro carmim T. cinnabarinus e do ácaro predador N. cucumeris. Os resultados revelaram que as variedades de algodão GK-12 e Lu-23 (Bt), e Zhong-12 e Simian-3 (Não-Bt) pareciam mais favoráveis a T. cinnabarinus, enquanto que SGK-321 (Bt) e Shiyuan-321 (Não-Bt) mostraram claramente uma suscetibilidade reduzida à praga, mas eficientes na retenção da população de N. cucumeris. A análise da densidade do predador N. cucumeris mostrou que a sua abundância não foi afetada pelos tipos de algodão, revelando qualquer impacto negativo do algodão Bt na população de predadores. Os vários traços morfológicos da planta, como pilosidade das folhas, espessura da lâmina foliar e altura da planta, diferiram significativamente entre as várias variedades de algodão. No que diz respeito à relação entre as populações de ácaros e as características morfológicas das plantas, os resultados revelaram que a densidade de pêlos na nervura e na lâmina da folha, a espessura da folha e a altura da planta desempenharam um papel significativo na manutenção das populações de ácaros. Por outro lado, as outras características morfológicas, como a largura do caule, mostraram uma relação não significativa com as populações de ácaros.

A eficiência predatória de N. pseudolongispinosus à taxa de libertação constante de 5 predadores/planta para suprimir a população de T. cinnabarinus foi comparada utilizando diferentes números de plantas de algodão. Os dados dos tratamentos de libertação de predadores mostraram diferenças não significativas nas densidades populacionais de ácaros pragas e predadores quando cada planta e cada segunda planta foram tratadas, mas diferiram significativamente do tratamento em que cada terceira planta foi tratada e do campo não tratado. Foi realizado um ensaio de libertação de predadores para supressão de T. cinnabarinus para determinar se a eficiência do ácaro predador N. pseudolongispinosus era influenciada pelas libertações durante as diferentes fases de crescimento da cultura do algodão. Os resultados do ensaio analisaram que as populações de ácaros-praga no algodão tratado com ácaros predadores permaneceram significativamente muito mais baixas em comparação com o tratamento não libertado. As populações de ambos os aracnídeos não foram significativamente diferentes durante as épocas iniciais e intermédias da cultura tratada do que significativamente diferentes do tratamento com libertações tardias devido à baixa população de pragas na altura das libertações de predadores durante as épocas iniciais e intermédias.

ÍNDICE DE CONTEÚDOS:

AGRADECIMENTOS

Muitas pessoas contribuíram para este trabalho de investigação através de ajuda técnica e orientação. Agradeço a todos eles! Agradecimentos especiais a: Comissão de Ensino Superior, Governo do Paquistão, pelo apoio financeiro para a realização deste estudo de pós-doutoramento no domínio das "Ciências Agrárias e Veterinárias". O autor agradece a esta fonte de financiamento, sem a qual este projeto não seria possível. Gostaria de expressar a minha gratidão ao meu supervisor, Dr. Kongming Wu, pela sua orientação, encorajamento, inspiração e pela sua personalidade simpática. Gostaria de agradecer especialmente ao meu co-orientador, Dr. Xuenong Xu, pela partilha dos seus grandes conhecimentos sobre ácaros predadores, bem como pelas discussões sobre ciência. Por ter sido sempre otimista e calmo, especialmente em alturas em que eu era exatamente o oposto. Agradeço também o facto de ele ter sempre confiado nas minhas capacidades e de me ter acompanhado em viagens quando precisei de fazer viagens de estudo. Obrigada pelo vosso tempo e paciência. Estou igualmente grato pela generosidade dos meus amigos no Paquistão, na China e noutros locais. Gostaria de agradecer a todos os que me ajudaram no trabalho de campo. São demasiados para os enumerar, mas sabem quem são.

Depois de tudo o resto, mas não menos importante, quero agradecer à minha família, pai, irmãos, irmãs, esposa Najma Sarwar e filhos Haroon, Farhan, Sidrah e Zain-ul-Abideen, pelo seu amor e apoio. Tenho muita sorte em ter uma família tão ideal e carinhosa. Espero que saibam o quanto os amo e o quanto aprecio toda a sua ajuda e apoio ao longo dos últimos anos e durante o tempo em que me debati com este trabalho. Gostaria de dedicar a minha dissertação à minha mãe pelo amor e encorajamento que me deu ao longo da sua vida (que Alá guarde a sua alma em paz).

CAPÍTULO 1
INTRODUÇÃO

Os artrópodes desempenham um papel importante no agroecossistema como "pragas agrícolas". Estima-se que as pragas de artrópodes destroem 13% das culturas cultivadas em todo o mundo (Pimentel, 1995). As perdas económicas de alimentos e fibras causadas por pragas de insectos e ácaros custam vários milhares de milhões de dólares por ano. Para além das perdas directas, as pragas podem ainda reduzir a qualidade e o valor dos produtos, aumentar o custo de produção, danificar áreas ambientais, colocar em risco espécies nativas e restringir o acesso dos produtos a mercados estrangeiros valiosos. Goszczynski et al., (1989) forneceram informações sobre a biologia, a nocividade e os inimigos naturais dos principais insectos pragas do pimento cultivado em estufa. Trata-se de Myzus persicae (Sulzer), Macrosiphum euphorbiae (Thomas), Tetranychus urticae Koch, T. cinnabarinus (Boisduval), Thrips tabaci (Linderman), Frankliniella occidentalis (Pergande) e Trialeurodes vaporariorum (Westwood).

Os tripes (Thysanoptera: Thripidae) são insectos nocivos para as culturas em todo o mundo, causando danos através da alimentação direta e sendo vectores de vírus destrutivos das plantas (Ananthakrishnan, 1993). Após a colonização das culturas, o seu comportamento tigmotático pode tornar os tripes difíceis de detetar; o curto tempo de geração pode resultar num rápido aumento da população e no desenvolvimento de resistência aos insecticidas, levando a falhas de controlo (Cox et al., 2006). A mosca-branca Bemisia tabaci (Homoptera: Aleyrodidae) debilita as plantas de Cucurbitaceae sugando a seiva, introduzindo toxinas no sistema vascular da planta, revestindo a folha com orvalho de mel, o que facilita o crescimento de fungos fuliginosos, bem como induzindo distúrbios fisiológicos nas folhas (McAuslane et al., 1996).

A família Tetranychidae, os ácaros-aranha, é um dos grupos mais especializados de ácaros que se alimentam de plantas. Alguns ácaros infestam uma vasta gama de plantas hospedeiras, enquanto outros parecem ser bastante específicos do hospedeiro. Têm uma capacidade única de se dispersarem e explorarem novos sítios de alimentação muito rapidamente. Por esta razão, podem infligir efeitos graves nas culturas agrícolas e hortícolas, resultando frequentemente em perdas económicas (Navia e Flechtmann, 2004). O ácaro das duas pintas, Tetranychus urticae Koch (Acari: Tetranychidae), é uma praga extremamente polífaga que foi registada em mais de 900 espécies hospedeiras e é descrita como uma praga grave de pelo menos 30 plantas agrícolas e ornamentais economicamente importantes, incluindo o pepino (Navajas et al., 1998). Ocorre em numerosas culturas alimentares e plantas ornamentais importantes; entre as 1200 espécies de ácaros conhecidas no mundo, é a espécie mais polífaga (Zhang, 2003). O maior problema deste ácaro é a sua capacidade de desenvolver uma resistência rápida aos pesticidas (Cranham e Helle, 1985). De acordo com Rasmy e Ellaithy (1988), a luta química continua a ser o principal método utilizado para controlar o ácaro T. urticae nos produtos hortícolas cultivados em estufa. A fitotoxicidade e a perda de eficácia em resultado de populações de pragas resistentes são os principais problemas encontrados com os produtos químicos. Além disso, observou-se que as plantas sofrem mais danos devido à aplicação excessiva de pesticidas do que são afectadas pelas próprias pragas.

Trottin-Caudal et al., (1989) forneceram informações sobre a incidência, a nocividade e o controlo químico de T. urticae e T. cinnabarinus (Boisduval), em culturas de solanáceas e cucurbitáceas. Um estudo preliminar sobre o controlo biológico de Frankliniella occidentalis (Pergande) em pepino, utilizando o ácaro predador Amblyseius sp. não deu resultados satisfatórios. Leigh et al., (1990) deram recomendações para o controlo químico de Tetranychidae. Os tripes florais ocidentais (F. occidentalis), os percevejos (Geocoris pallens) e os percevejos-piratas (Orius tristicolor) estão entre os predadores das espécies de Tetranychus. O ácaro das duas pintas, T. urticae, é considerado uma das principais pragas das culturas hortícolas e outras em áreas onde é utilizado anualmente um volume considerável de acaricidas para o seu controlo (Watanabe et al., 1994). Das 74 espécies de ácaros registadas em Taiwan, 10 são pragas importantes, incluindo T. urticae e T. cinnabarinus. A maioria das culturas é afetada por mais do que uma espécie (Ho, 2000). Duas espécies estreitamente relacionadas, T. urticae e T. cinnabarinus, são pragas importantes na China, causando grandes danos às culturas agrícolas (Xie et al., 2006). Reddall et al., (2007) investigaram que a taxa de fotossíntese diminuiu mais rapidamente em folhas de algodão infestadas com ácaros Tetranychus, e os danos causados pelos ácaros progrediram para baixo na copa e das posições basais para as distais das folhas.

Embora os pesticidas químicos sejam baratos e muitas vezes eficazes contra certas pragas, estão a causar uma série de problemas. Para os agricultores, a resistência das pragas e a saúde são os problemas mais graves quando esses produtos químicos são aplicados, nomeadamente em estufas. Para os consumidores, os resíduos de pesticidas nos alimentos e os danos causados ao ambiente são dois problemas principais. Devido a estas preocupações, existe uma grande oportunidade para lançar o controlo biológico das pragas, baseado em organismos vivos. As estufas são muito vulneráveis à invasão de pragas de insectos, que entram através de aberturas e portas. Uma vez no interior, as pragas encontram um habitat protegido que é favorável à rápida formação de populações de pragas. O controlo biológico é muito mais difícil de aplicar em campo aberto. Os agentes de controlo biológico que são eficazes em laboratório ou em estufas desaparecem frequentemente quando são utilizados no campo; os seus efeitos são abafados pelos de centenas de outras espécies. No entanto, o controlo biológico nas culturas de campo está a receber muita atenção. Os ácaros predadores são mais eficazes contra certas pragas de insectos e ácaros do que a luta química, porque não desenvolvem resistência aos pesticidas e os agricultores podem reduzir ou eliminar a utilização de produtos químicos. Os ácaros-aranha são frequentemente uma praga "secundária" após a pulverização de produtos químicos, mas este ciclo pode ser quebrado com a utilização de ácaros predadores. O rendimento e a qualidade das culturas também melhoram quando os agricultores deixam de utilizar pulverizações químicas de largo espetro. Além disso, os ácaros predadores não podem alimentar-se de plantas, pessoas ou animais. A preferência alimentar dos fitoseídeos por ácaros fitófagos tornou-os valiosos agentes de biocontrolo de ácaros (Tetranychidae), ácaros da galha, ácaros da ferrugem e seus parentes (Eriophyoidea), que são pragas de uma vasta gama de culturas de estufa, de campo e de árvores na maioria dos países (Steiner e Goodwin, 2001). Os factores que podem influenciar a eficácia dos agentes de controlo biológico incluem a especificidade do agente (generalista ou especialista), o tipo de agente (predador, parasitoide ou patogénico), o momento e o número de libertações, o método de libertação, a sincronia do inimigo natural com o hospedeiro, as condições de campo e a taxa de libertação (Collier e Van Steenwyk, 2004; Stiling e Cornelissen, 2005). O objetivo deste trabalho de investigação era identificar a eficiência com que as espécies indígenas de ácaros predadores se podiam reproduzir em hospedeiros seleccionados e depois ser utilizadas para a supressão de pragas de insectos e ácaros nas culturas.

Na produção agrícola, há muitos factores que podem reduzir o rendimento das culturas, sendo os mais importantes os insectos e os ácaros. Os seus surtos são frequentemente uma consequência de aplicações repetidas e não selectivas de pesticidas, que aumentam a resistência aos pesticidas e dizimam os seus inimigos naturais. A resistência aos insecticidas desenvolveu-se em muitas classes de pesticidas e mais de 500 espécies de insectos e ácaros são resistentes a um ou mais insecticidas. A resistência aos insecticidas e as consequentes perdas de alimentos e fibras são causadas pela incapacidade de controlar as pragas de insectos e ácaros, provocando perdas económicas anuais de vários milhares de milhões de dólares em todo o mundo (Elzen e Hardee, 2003). O controlo biológico deve ser uma parte importante de qualquer programa de gestão integrada das pragas. Praticamente todos os insectos e ácaros pragas têm alguns inimigos naturais. A gestão destes inimigos naturais pode controlar eficazmente muitas pragas. Muitos artrópodes desempenham funções que são direta ou indiretamente benéficas para os seres humanos, uma vez que desempenham um papel importante no ambiente, como é o caso dos ácaros benéficos utilizados na gestão de pragas, que são inimigos naturais das espécies de pragas.

Os ácaros da família Phytoseiidae têm recebido uma atenção considerável durante as últimas quatro décadas devido ao seu potencial como agentes de controlo biológico de ácaros e insectos fitófagos em várias culturas. À medida que se realizavam mais estudos, foram surgindo cada vez mais provas que sustentam a afirmação de que os ácaros fitoseídeos podem ser importantes agentes de controlo biológico e elementos essenciais em alguns programas de gestão de pragas (McMurtry, 1982). Estes predadores economicamente importantes consomem uma vasta gama de alimentos, tais como ácaros, tripes, mosca branca, cochonilhas e pólen (McMurtry e Croft, 1997), que se encontram entre as pragas mais graves em vários sistemas agrícolas. Os pequenos agricultores dos países em desenvolvimento, como o Paquistão, ficam frequentemente presos num ciclo de utilização cada vez maior de produtos químicos, com menor produtividade e rentabilidade e menor sustentabilidade da base de recursos naturais. Quando a produção agrícola é optimizada (ou seja, não limitada pela água, nutrientes ou concorrência de ervas daninhas), as plantas tornam-se uma excelente fonte de alimento para as pragas. Nestas condições, a taxa de desenvolvimento, a fecundidade e o tempo de vida dos ácaros aumentam e contribuem para surtos populacionais dramáticos, resultando em perdas significativas de rendimento. Espera-se que os ácaros predadores estejam prontos em primeiro lugar entre os inimigos naturais visados para a criação em massa. Os ácaros predadores podem completar o seu ciclo de vida de ovo a ovo em cerca de 5 dias (Litsinger, 1995). O ácaro predador Neoseiulus pode ser utilizado com êxito para controlar os ácaros-aranha em pomares e em vários campos de cultivo (Gotoh et al., 2006). No

Paquistão, o Dr. Wali Muhammad Chaudhri era um taxonomista de ácaros com vários anos de experiência; tem vastos conhecimentos sobre onde encontrar cada ácaro e pode identificá-los facilmente (Chaudhri et al., 1979), no entanto, ninguém tinha estabelecido a criação de ácaros predadores nesta despesa global.

Os ácaros fitoseiídeos estão amplamente distribuídos na China. Alguns deles têm sido utilizados com sucesso no controlo de ácaros nocivos. Por exemplo, as espécies locais *Amblyseius orientalis* Ehara, *Amblyseius pseudolongispinosus* (Xin, Liang & Ke), *Amblyseius newsami* (Evans) e as espécies importadas *Phytoseiulus persimilis* Athias-Henriot, *Typhlodromus occidentalis* Nesbitt e *Amblyseius fallacis* (Garman) têm demonstrado bons efeitos na gestão integrada de ácaros na China. O predador *A. pseudolongspinosus* está amplamente distribuído em muitas partes da China. A sua biologia, ecologia e biocontrolo foram estudados exaustivamente (Wu et al., 1997), mas a informação sobre a utilização desta importante espécie como inimigo natural é parcial. O objetivo geral deste projeto é ajudar no desenvolvimento de sistemas de produção de culturas economicamente viáveis sem comprometer a base de recursos naturais. A necessidade de inimigos naturais para a gestão de pragas está a intensificar-se a cada estação. Tal como qualquer produto agrícola, os insectos não são patenteáveis, perecem facilmente e perdem qualidade rapidamente, e requerem orientação especializada para a criação de um programa. Para atingir este objetivo, pode ser necessária alguma experimentação para determinar os métodos adequados de cultura e libertação de ácaros predadores em situações específicas. O controlo biológico é um assunto complexo, a utilização bem sucedida de inimigos naturais na gestão de pragas requer uma compreensão detalhada da biologia do predador e da presa e das técnicas de gestão de pragas. Em quase todos os contextos, é possível incentivar ou conservar populações naturais de ácaros benéficos, mas as possibilidades não são infinitas e há ainda muito por esclarecer.

Objetivo principal

Os principais objectivos deste estudo foram: -

1. Investigar e fornecer alternativas biológicas seguras à utilização de produtos químicos venenosos para algumas das necessidades de gestão de pragas.

2. Melhorar a produção e o rendimento dos agricultores através do desenvolvimento e da aplicação de uma estratégia eficaz de gestão integrada das pragas (GIP) nos campos e nas culturas protegidas, com custos e impactos ambientais mínimos.

3. Minimizar a utilização de pesticidas para o controlo de pragas de insectos e ácaros, de acordo com os requisitos da W. T. O.

4. Aperfeiçoar e comercializar as técnicas ecológicas.

Impulso principal

1. Em primeiro lugar, determinar diferentes técnicas de cultura ou de criação de ácaros predadores em condições laboratoriais.

2. Em segundo lugar, desenvolver um sistema de libertação de ácaros para a gestão das pragas de insectos e ácaros.

CAPÍTULO 2

REVISÃO DA LITERATURA

De um modo geral, o objetivo desta revisão é analisar criticamente um segmento do corpo de conhecimento publicado para comparação de estudos de investigação anteriores com trabalhos existentes e procura de informação necessária para experiências actuais. A presente revisão aborda os avanços mais recentes relacionados com a cultura e a aplicação dos ácaros predadores no biocontrolo. Os Phytoseiidae são uma grande família de ácaros predadores que também se podem alimentar de pólen, fungos e mesmo folhas de plantas sem causar quaisquer danos. Atualmente, cerca de 20 espécies de ácaros (1700 até agora nomeadas) estão a ser criadas em massa e vendidas em todo o mundo. Teich (1966) foi, de facto, o primeiro a registar e quantificar a alimentação de fitoseídeos, nomeadamente Amblyseius swirskii e Euseius scutalis (Athias-Henriot), em moscas brancas. McMurtry e Croft (1997) categorizaram os Phytoseiidae em quatro grupos de acordo com os seus hábitos alimentares: I. Constituídos apenas por Phytoseiulus spp., ácaros que são predadores especializados de aranhiços com grande número de teias, principalmente Tetranychus spp. II. Espécies que se alimentam de ácaros Tetranychus juntamente com outros pequenos ácaros, pólen e até exsudados de plantas. III. Os fitoseiídeos são alimentadores generalistas que preferem frequentemente outras presas para além dos ácaros, como os tarsonemídeos e os tripes. IV. As espécies são constituídas por membros de Euseius, os predadores generalistas que podem desenvolver-se e reproduzir-se melhor no pólen. O significado deste sistema de hábitos alimentares pode ser útil na sua aplicação à seleção de fitoseídeos para alvos específicos de controlo biológico. Embora Neoseiulus cucumeris (Oudemans) tenha sido o primeiro fitoseídeo a alimentar-se de tripes, o predador é produzido em massa no ácaro de armazenamento Tyrophagus putrescentiae (Schrank) em farelo. O predador pode sobreviver durante o armazenamento a frio prolongado, um atributo que acelera a sua utilização no comércio. Hussey e Scopes (1985), e Heinz et al., (2004) discutiram o controlo biológico de pragas de estufa, incluindo aquelas contra as quais os ácaros têm sido utilizados. Estas pragas incluem insectos, por exemplo, tripes (Thysanoptera) e moscas brancas (Hemiptera: Aleurodidae), e Acari, como os ácaros (Acari: Tetranychidae). Estas espécies de pragas são normalmente controladas por inimigos naturais, como os ácaros da família Phytoseiidae da subordem Mesostigmata, que estão a ser criados e disponíveis comercialmente.

A família Aleyrodidae, ou moscas brancas, é uma grande família (com 1200 espécies) de pequenos insectos fitófagos da ordem Hemiptera, sendo a Bemisia tabaci (Gennadius) e a Trialeurodes vaporariorum Westwood sérias pragas de culturas em estufa. A aplicação destes predadores contra a mosca branca das estufas foi promovida por Nomikou et al., (2002). O número de moscas brancas em plantas com predadores diminuiu em poucas semanas após a introdução da mosca branca, enquanto que o seu número cresceu exponencialmente sem os fitoseídeos. Consequentemente, Hoogerbrugge et al., (2005) sugeriram que A. swirskii, um alimentador de pólen, pode ser libertado preventivamente quando a cultura está em floração, para estar à mão quando as pragas aparecem.

Os tripes ou Thysanoptera são uma pequena ordem (4500 espécies designadas) de insectos minúsculos. Apenas algumas espécies danificam as culturas em estufa; as mais proeminentes incluem o tripes das flores ocidentais Frankliniella occidentalis (Pergande)), o tripes do tomate Frankliniella schultzei Trybom, o tripes do melão, Thrips palmi Karny e o tripes da cebola Thrips tabaci (Lindeman). MacGill (1939) foi o primeiro a relatar a existência de um fitosseiídeo destruidor de tripes, sendo a praga T. tabaci e o predador atualmente conhecido como N. cucumeris.

Os Tetranychidae são uma grande família (1200 espécies designadas) de ácaros que se alimentam de plantas. A sua biologia geral foi estudada por Helle e Sabelis (1985 a, b) e foram catalogados por Bolland et al., (1998). Tetranychus cinnabarinus (Boisduval) e Tetranychus urticae (Koch), conhecidos como ácaro carmim e ácaro das duas pintas, respetivamente, são muito semelhantes e alguns autores consideram-nos sinónimos. No entanto, a fêmea de T. cinnabarinus é vermelha e a sua reprodução continua durante todo o ano, sendo ambas as espécies pragas importantes de muitas culturas de estufa, tanto hortícolas como ornamentais. Shirke et al., (2008) estudaram perdas económicas nas culturas de 33,8% devido à deterioração da qualidade das folhas devido à infestação por T. cinnabarinus. O Phytoseiulus persimilis foi utilizado durante décadas e continua a ser aplicado frequentemente para controlar estes ácaros; a sua utilização foi revista por Gerson et al., (2003). Gotoh et al., (2004) mostraram que N. californicus se desenvolveu com sucesso e se reproduziu exclusivamente em T. *urticae* a uma temperatura de 15-35°C, produzindo até 28 gerações/ano. Quando *P. persimilis* e *N. californicus* foram libertados separadamente em pimentos doces (10 predadores/planta) contra baixas populações de ácaros (> 0,1 ácaro/folha), *N. californicus teve* um desempenho superior a *P. persimilis*, mas não significativamente; no entanto, sob populações moderadas da praga (~1,2 ácaros/folha), *P. persimilis* foi dominado e *N. californicus* exerceu um controlo significativamente melhor. Blumel *et al.*, (2002) obtiveram um controlo sustentável do ácaro da aranha combinando libertações sucessivas de *N. californicus* e *P. persimilis*. O primeiro foi distribuído regularmente em toda a estufa desde o início da estação de crescimento, ao passo que *P. persimilis* foi libertado pontualmente apenas em concentrações de ácaros de elevada densidade.

Giles *et al.,* (1995) conceberam e aplicaram um sistema mecânico de dispersão de *P. persimilis*, baseado no conceito de que tais libertações exigem meios fiáveis, controláveis e repetíveis. Os predadores, misturados com vermiculite, foram colocados num tanque e os seus movimentos foram reduzidos por refrigeração. Os ácaros caíram do tanque para células dentro de uma placa doseadora rotativa que, à medida que se moviam, chegavam a uma porta de saída, permitindo que os ácaros caíssem. Não se registaram danos nos ácaros caídos (uma vantagem importante). Para além disso, o método mecânico foi duas vezes mais eficiente do que a aspersão manual. A variedade de plantas cultivadas em estufas afecta os inimigos naturais de muitas maneiras diferentes, devido à arquitetura das plantas, à estrutura das folhas (incluindo tricomas e domácias), aos produtos químicos secundários individuais, aos nutrientes fornecidos pelas plantas (especialmente o pólen) e à sua adequação às pragas-presas que as atacam. Alguns destes efeitos das plantas foram discutidos por Gerson et al., (2003). O advento das culturas geneticamente modificadas pode influenciar o desenvolvimento e a aplicação de programas de controlo biológico e de gestão integrada das pragas (Parrella, 2002). Os estudos realizados até à data indicam que as plantas geneticamente modificadas que transportam as várias toxinas Bt Cry podem afetar certos inimigos naturais dos insectos (Obrist et al., 2005), mas os dados sobre os ácaros são escassos.

Por vezes, o controlo de pragas pode ser melhorado utilizando fitoseídeos juntamente com outros inimigos naturais; Wiethoff et al., (2004) tentaram melhorar o controlo de tripes que infestam pepinos libertando N. cucumeris e G. aculeifer. O controlo não foi melhorado com a adição deste último predador, provavelmente porque se alimentava de presas alternativas do solo. Weintraub et al., (2005) fizeram observações semelhantes quando Orius spp. invadiu túneis de pimento doce. N. cucumeris foram libertados para controlar os ácaros, mas na presença do inseto, o ácaro predador ocorreu principalmente nas folhas do meio para baixo. No pepino, em experiências em gaiolas de estufa, a adição do inseto a P. persimilis teve pouco ou nenhum efeito no número de ácaros ou na produção de frutos. Rott e Ponsonby (2000) compararam a eficácia de N. californicus aplicado em combinação com o coccinelídeo Stethorus punctillum Weise, com a de P. persimilis no controlo dos ácaros em várias culturas de estufa. A combinação causou uma maior diminuição do número de pragas do que o P. persimilis sozinho. A sua comparação de N. californicus com S. punctillum mostrou que o primeiro era mais ativo no pimento e menos nas beringelas, indicando o efeito das plantas hospedeiras.

Ashihara et al., (1986) efectuaram estudos para desenvolver uma técnica de criação em massa do ácaro predador P. persimilis utilizando T. urticae criado em feijão comum (Phaseolus vulgaris) e soja. Kongchuensin et al., (2006) revelaram que T. truncatus podia ser criado em massa em plantas de feijão-mungo, feijão-frade e soja. No entanto, o número de fêmeas adultas por folheto produzido em feijão-mungo e feijão-frade foi superior ao da soja. A proporção ideal de predador: presa para a melhor colheita de N. longispinosus em feijão-caupi foi de 1:20 a 1:40. A melhor altura para colher o predador foi 2 semanas após a inoculação. Malveda e Corpuz-Raros (2006) realizaram experiências para estudar alguns aspectos básicos da biologia de Neoseiulus calorai (Corpuz & Rimando) como um pré-requisito essencial para a produção em massa em laboratório para libertações no campo para gerir populações crescentes de ácaros fitófagos prejudiciais. Li et al., (2006) utilizaram pólenes de 19 espécies de plantas para estudar a história de vida de Euseius aizawai (Ehara & Bhandhufalck). O ácaro ingeriu pólenes de todas as espécies de plantas testadas e produziu ovos. Apenas em oito delas, o predador completou todos os estágios de desenvolvimento, com um ciclo de vida de 5,47 a 6,95 dias. O tempo de vida mais longo dos adultos foi observado quando se alimentaram de pólenes de Coriaria sinica, Zea mays, espécies mistas e Punica granatum. Wijesekara (2006) verificou o potencial predatório de A. sakalava, a sua história de vida e o seu desempenho reprodutivo em diferentes alimentos. O ácaro predador reproduziu-se igualmente bem quando alimentado com pólen de Tridax procumbens (Asteraceae) e com uma mistura de pólen de Tridax e do ácaro T. urticae. No entanto, o desempenho reprodutivo foi significativamente inferior quando o ácaro predador foi alimentado apenas com o ácaro presa, pólen de Tithonia diversifolia (Asteraceae) ou uma mistura de pólen de Tithonia e ácaros presa.

Foram alcançados avanços consideráveis no controlo biológico de ácaros que infestam culturas de estufa e de campo em diferentes áreas através da libertação de ácaros predadores.

Hoogerbrugge et al., (2005) investigaram Amblyseius swirskii como agente de controlo biológico contra Bemisia tabaci em pimentão doce. Quando os ácaros predadores foram libertados em plantas em flor, o seu estabelecimento foi bem sucedido; a experiência mostrou que A. swirskii foi capaz de controlar a população de B. tabaci. Mowafi (2005) libertou ácaros predadores para controlar T. urticae numa estufa de pepinos. Uma única libertação do predador Phytoseiulus macropilis (Banks) foi aplicada a uma taxa de aproximadamente 5 indivíduos por bocado para controlar o ácaro T. urticae. A redução da população de T. urticae na primeira libertação (14 de novembro de 2004) atingiu 63% ao fim de 4 semanas, tendo depois aumentado para 100% ao fim de 8 semanas e continuado a 93% até à última inspeção. A redução da população da praga na libertação tardia (6 de fevereiro de 2005) foi de 29% na quinta semana e depois aumentou para 88% na última inspeção. Pijnakker (2005) realizou experiências para selecionar ácaros fitoseídeos (incluindo Phytoseiulus persimilis, Neoseiulus californicus, Amblyseius andersoni, N. cucumeris, A. barkeri, Euseius ovalis (A. ovalis), E. finlandicus (Seiulus finlandicus), E. scutalis, Typhlodromalus limonicus e Typhlodromalus swirskii) adequados para controlar a mosca branca de estufa T. vaporariorum, em roseiras cortadas. Entre as dez espécies testadas, E. ovalis foi considerado o predador dominante devido à sua rápida instalação nas duas cultivares de roseiras na presença da mosca branca, à sua grande mobilidade e ao seu carácter generalista. Calvo e Belda (2006) testaram a eficácia do parasitoide Eretmocerus mundus com o percevejo Nesidiocoris tenuis (Cyrtopeltis tenuis) e o ácaro predador A. swirskiis em condições de semi-campo para o controlo biológico de B. tabaci em pimento doce. Não se registaram diferenças significativas na incidência de parasitismo entre os diferentes tratamentos. A população da mosca-branca foi significativamente menor nos tratamentos que receberam A. swirskii, enquanto que não houve redução significativa da população da mosca-branca nos tratamentos que receberam N. tenuis. Messelink et al., (2006) avaliaram dez espécies de fitoseídeos para o controlo do tripes floral ocidental F. occidentalis, em pepino de estufa. O Neoseiulus cucumeris (Oudemans) é atualmente utilizado para o controlo biológico de tripes em estufas. Em comparação com esta espécie, Typhlodromalus limonicus (Garman & McGregor), Typhlodromips swirskii (Athias-Henriot) e Euseius ovalis (Evans) atingiram níveis populacionais muito mais elevados, resultando num controlo significativamente melhor não só dos tripes mas também das moscas brancas. Calvo et al., (2006) investigaram as possibilidades do ácaro predador fitoseídeo A. swirskii como agente de controlo biológico de B. tabaci em culturas protegidas de pimento doce, libertando um total de 8 adultos de B. tabaci por planta e comparando três taxas de libertação (0, 25 e 100 A. swirskii por m^2). Em condições de semi-campo, A. swirskii a uma taxa de libertação de 25 e 100 ácaros/m^2 foi capaz de suprimir, quase totalmente, uma infestação inicial de adultos de B. tabaci por planta. A combinação de 50 A. swirskii/ m^2 e 12 E. mundus/ m^2 foi a estratégia mais eficaz contra uma infestação inicial de 50 adultos de B. tabaci por planta. De acordo com estes resultados, A. swirskii provou ser um excelente candidato a agente de controlo biológico contra B. tabaci em culturas protegidas de pimentão, tornando possível o controlo de B. tabaci utilizando apenas agentes de biocontrolo, mesmo em caso de níveis de infestação elevados. Szabo e Nemeth (2007) estudaram o papel dos ácaros predadores no controlo das populações de ácaros fitófagos em vinhas com diferentes tratamentos pesticidas. Oliveira (2007) sugeriu que o ácaro predador P. macropilis (Banks) é um candidato promissor para o controlo dos ácaros-aranha nas regiões tropicais e noutras áreas.

Esta panorâmica da literatura salientou que existem vários aspetos dos ácaros sobre os quais são necessários mais estudos.

CAPÍTULO 3

MATERIAIS E MÉTODOS

O Paquistão tem visado o desenvolvimento de uma série de culturas arvenses, mas surgiu uma série de problemas com pragas e estão a ser procuradas alternativas aos pesticidas. O papel deste trabalho é desenvolver uma estratégia de controlo alternativa, centrando-se em pragas de insectos e ácaros. Uma estratégia global de controlo das pragas de insectos e ácaros consistirá, inicialmente, na cultura de ácaros benéficos e, em seguida, na libertação destes inimigos naturais para matar as pragas. Será efectuada uma monitorização regular durante todo o estudo.

Configuração experimental

Todas as experiências serão realizadas no Laboratório de Inimigos Naturais de Insectos, Instituto de Proteção das Plantas, Academia Chinesa de Ciências Agrícolas, Pequim, China.

Culturas-alvo e pragas

A experimentação incidirá em diferentes ácaros que se alimentam de plantas e ácaros de armazenagem, bem como em insectos que atacam os corpos moles de culturas protegidas e de campo.

Trabalho atual

Existem vários estudos sobre os aspectos biológicos dos ácaros predadores, mas ninguém tentou a criação em massa destes inimigos naturais, como os artrópodes predadores de ácaros, no Paquistão. A criação pode ser limitada, mas não existe um método de criação em massa que tenha significado comercial. Este estudo centrar-se-á na produção em massa de ácaros predadores com boas hipóteses de sucesso.

Ácaros predadores candidatos

Como requisito prévio dos estudos laboratoriais, as espécies indígenas de predadores serão recolhidas ou adquiridas a partir de diferentes recursos. Os ácaros predadores candidatos serão primeiro avaliados quanto à sua capacidade de reprodução quando criados em diferentes hospedeiros. O predador será observado com lupa ou ao microscópio numa arena especial.

Fase exploratória

Na fase exploratória, serão recolhidos ácaros de diferentes plantas e grãos armazenados e depois criados em hospedeiros de cereais e plantas. Em seguida, os ácaros predadores candidatos serão identificados e criados em ácaros hospedeiros. Uma vez que os ácaros predadores estão continuamente envolvidos na destruição da colónia do hospedeiro, os ácaros que se alimentam de plantas e de produtos armazenados serão primeiro criados e depois utilizados como hospedeiros para os ácaros predadores candidatos. Alguns produtos armazenados e ácaros fitófagos serão cultivados em diferentes substratos como fonte de alimento, tais como cereais e plantas prontamente disponíveis em recipientes especiais e, a seu tempo, procurar-se-ão materiais mais baratos para utilizar. É importante que os hospedeiros cereais e plantas sejam inicialmente isentos de qualquer vida viva ou ativa, uma vez que podem conter predadores que poderiam eliminar os hospedeiros presas. O substrato do hospedeiro será tratado com calor para desinfetar cada fonte de planta e de cereal, a fim de garantir que quaisquer ácaros predadores ou nocivos possam ter sido mortos antes do início do ensaio.

Criação em massa

O objetivo deste trabalho é desenvolver uma técnica de criação em laboratório para os candidatos a ácaros predadores. Uma vez que os ácaros predadores podem atingir a maturidade mais cedo do que outros inimigos naturais e podem completar o seu ciclo de vida, desde os ovos até ao adulto, num curto espaço de tempo em comparação com os seus hospedeiros ácaros, a sua criação será iniciada após a criação do hospedeiro na primeira fase e o teste dos candidatos a predadores na segunda fase em arena microscópica. Para a cultura de ácaros, as placas de Petri servirão de recipientes, será criado um fosso de esponja húmida no fundo de cada recipiente e os ácaros serão colocados em papel de polietileno preto com papel de filtro por baixo. No topo do fosso de esponja, será utilizado um material pegajoso para anular o bordo do recipiente, de modo a manter os ácaros dentro do recinto. O ácaro hospedeiro será criado num local separado dos ácaros predadores para manter o predador afastado do hospedeiro. Os ácaros predadores candidatos serão criados com dietas naturais para explorar um método de cultura mais económico. As gaiolas de criação serão mantidas numa câmara ambiental a 25±2º C e 70±5% H. R. sob 16 h de luz e 8 h de escuridão diariamente.

Capacidade predatória

Os ácaros predadores serão avaliados contra as pragas-alvo. Os ensaios laboratoriais determinarão a capacidade de predação de cada ácaro predador contra os espécimes hospedeiros. A capacidade de predação dos predadores candidatos será avaliada primeiro contra as presas hospedeiras utilizando a arena de lâminas de vidro e, em seguida, testando os efeitos da predação em gaiolas em plantas em vasos observadas sob ampliação.

Resistência das plantas hospedeiras aos ácaros

Uma parte importante de qualquer projeto de controlo de pragas bem estruturado deve ser a procura de fontes de resistência a herbívoros e a utilização dessas variedades com resistência para reduzir as populações de pragas e os danos por elas causados. Por conseguinte, estes aspectos das relações entre plantas e artrópodes seriam enfatizados utilizando diferentes variedades de culturas, especialmente o algodão.

Compatibilidade dos pesticidas

Devido ao elevado valor das culturas e ao comportamento inconstante dos inimigos naturais, será necessário utilizar produtos químicos prontos a aplicar no momento ou quando o número de pragas aumentar subitamente, escapando ao controlo dos inimigos naturais, pelo que será necessário trabalhar em estreita colaboração com os produtos químicos para selecionar os produtos com menos efeitos nocivos para os inimigos naturais. Assim, a sobrevivência dos candidatos a ácaros predadores e pragas será testada na folhagem pulverizada com pesticidas comuns no campo.

Libertações de campo

Tal como muitos predadores de insectos, os ácaros predadores são frequentemente escassos nas culturas em alturas críticas. Uma solução para este problema é a criação em massa e a libertação de ninfas ou adultos nas culturas, conforme necessário para o controlo de pragas de insectos ou ácaros. Assim, a libertação de ácaros predadores pode ser um meio eficaz de gerir as pragas em muitos sistemas de cultivo. Os ensaios de campo serão seguidos de alguns estudos laboratoriais e os ácaros predadores serão libertados em plantas individuais com problemas de pragas de presas. Os insectos e ácaros-alvo serão encorajados a multiplicar-se em pequena escala em ambiente controlado. Em seguida, os candidatos a predadores serão libertados em estufa para serem experimentados e, finalmente, utilizados nas libertações no terreno. Isto determinará se cada candidato a predador está adaptado a uma determinada cultura. Os ensaios seguintes serão efectuados em culturas comerciais como o algodão; será necessário determinar a libertação dos predadores utilizando diferentes números de plantas e tempos de aplicação.

Prazo

Prevê-se que seja possível iniciar a criação em massa de ácaros predadores num prazo de 6 a 10 meses e que os seus testes de campo em pequena escala sejam realizados num prazo de 6 a 10 meses.

Método analítico

Serão aplicados testes estatísticos aos dados utilizando o software SPSS (2005). O teste da diferença mínima significativa após a ANOVA será utilizado para comparar as médias dos tratamentos e as diferenças serão registadas a P= 0,05 em todos os casos.

CAPÍTULO 4
RESULTADOS E DISCUSSÃO

Esta investigação teve duas componentes principais: em primeiro lugar, a cultura de ácaros predadores e, em segundo lugar, a sua libertação nas culturas para a gestão de pragas de artrópodes, que foram depois monitorizadas.

A. Criação em massa de ácaros predadores

Foram efectuados estudos para localizar os hospedeiros mais adequados para os ácaros predadores, tendo em vista a sua criação em massa.

1. Influência das plantas hospedeiras nas características de vida do herbívoro Tetranychus urticae (Acari: Tetranychidae) e do seu inimigo natural Neoseiulus pseudolongispinosus (Acari: Phytoseiidae)

Os produtores podem utilizar o ácaro predador, Neoseiulus pseudolongispinosus (Xin, Liang & Ke) para gerir a população de ácaros de duas pintas, Tetranychus urticae Koch, pelo que o objetivo deste estudo foi investigar a biologia de ambos os indivíduos no que diz respeito às possibilidades de criação em massa para encontrar plantas hospedeiras de criação simples e de baixo custo. Foram escolhidas espécies de plantas hospedeiras, o feijão-jacinto Lablab purpureus (L.), o feijão-da-índia Phaseolus lunatus L. e o feijão-comum Phaseolus vulagris L. (Leguminosae), para descobrir a possível influência das características das plantas hospedeiras (área foliar, espessura da folha, pilosidade da folha, largura do caule e altura da planta) nos ácaros predadores e presas. A eficiência das plantas hospedeiras foi medida em função do tempo necessário para o desenvolvimento de T. urticae entre a deposição dos ovos e a emergência dos adultos. Esta experiência foi realizada para determinar se a planta hospedeira na qual T. urticae foi criado poderia afetar os traços de vida do predador N. pseudolongispinosus na mesma espécie de planta. Os factores das plantas hospedeiras, para além dos possíveis efeitos sobre as actividades do predador e da presa, também afectaram os seus parâmetros biológicos.

Características das espécies vegetais hospedeiras

As análises combinadas dos traços das plantas mostraram que as suas características apresentavam uma variabilidade genotípica significativa entre elas. Tanto P. lunatus como L. purpureus maduras foram significativamente maiores em área foliar total e altura da planta do que P. vulagris. Em geral, verificaram-se diferenças nos parâmetros biológicos dos ácaros entre os tipos de plantas, pelo que os ácaros apresentaram actividades de desenvolvimento significativamente maiores nas duas plantas anteriores do que nas posteriores.

Tabela 1. Comparação das características morfológicas de diferentes plantas hospedeiras do ácaro predador.

Treatment	Leaf traits			Stem	Plant
	Area (cm^2)	Thickness (mm)	Trichomes/ 0.25 cm^2	width (mm)	height (cm)
T$_1$= *Phaseolus lunatus*	76.60 ± 1.72 b	0.354 ± 0.01 b	48.20 ± 2.43 b	3.20±0.12 a	82.20 ± 1.28 b

| T_2= *Lablab purpureus* | 82.20 ± 5.34 b | 0.424 ± 0.02 c | 12.40 ± 2.44 a | 3.60 ± 0.18 a | 81.20 ± 1.39 b |
| T_3= *Phaseolus vulagris* | 31.60 ± 1.07 a | 0.272 ± 0.01 a | 83.40 ± 4.41 c | 4.20 ± 0.12 b | 71.00 ± 1.18 a |

Letras diferentes indicam diferenças significativas ao nível de P < 0,05 dentro das espécies vegetais.

Em geral, P. lunatus e L. purpureus apresentaram significativamente maior altura de planta (82,20 e 81,20 cm) (F= 23,141; P= 0,000), enquanto que, maior área foliar (76,60 e 82,20 cm^2) (F= 70,679; P= 0,000) e espessura (0,354 e 0,424 mm) (F= 21,309; P= 0,000), mas, menor pilosidade foliar (48.20 e 12.40/ 0.25 mm^2) (F= 120.563; P= 0.000) e largura do caule (3.20 e 3.60 mm) (F= 11.692; P= 0.002) do que P. vulagris com altura da planta (71.00 cm), área foliar (31.60 cm^2) e espessura da folha (0.272 mm), enquanto que, aumentou a pilosidade da folha (83.40/ 0.25 mm^2) e largura do caule (4.20 mm). Por outro lado, P. lunatus e L. purpureus diferiram significativamente entre si na espessura e pilosidade das folhas (Tabela 1). Como L. purpureus apresentou uma área foliar e uma espessura significativamente maiores, estas características, juntamente com a pilosidade em comparação com P. lunatus e P. vulagris, juntamente com outros atributos desejáveis, como a composição simples da planta para facilitar o movimento de todas as fases móveis das estruturas da folha e do pecíolo para o caule principal, conduziram a um bom desenvolvimento da população de presas e predadores.

Influência das plantas hospedeiras em T. urticae

Investigações sobre as características biológicas de T. urticae usando 3 presas hospedeiras diferentes, mostraram um tempo de desenvolvimento significativamente mais curto (F= 5,993; P= 0,010) do ovo ao adulto alimentado com L. purpureus e P. lunatus (11,39 e 11,67 d, respetivamente), em comparação com T. urticae alimentado com P. vulagris (13,35 d) devido a estágios mais longos de protoninfa e deutoninfa. Todas as espécies de plantas hospedeiras de T. urticae utilizadas nas experiências influenciaram a fecundidade da fase madura da fêmea (F= 9,000; P= 0,002). O número total de ovos postos por fêmea foi significativamente diferente entre L. purpureus, P. lunatus e P. vulagris (5,85, 4,42 e 3,00 por dia). A longevidade dos adultos fêmeas (F= 5,769; P= 0,012) e machos (F= 5,570; P= 0,013) de T. urticae alimentados com L. purpureus, P. lunatus e P. vulagris foi de 25,00, 23,57 e 19,28, e 15,28, 13,85 e 10,71 dias, respetivamente. Não se registaram diferenças significativas na duração média do desenvolvimento total da eclosão dos ovos (F= 1,105; P= 0,353) e da emergência das larvas (F= 0,886; P= 0,429) entre todas as espécies de plantas testadas. As durações médias foram de 5,32 dias (ovo) e 1,78 dias (larva) em P. lunatus, 5,14 dias (ovo) e 1,75 dias (larva) em L. purpureus, enquanto que, 5,57 dias (ovo) e 1,89 dias (larva) em P. vulagris. No entanto, L. purpureus e P. lunatus variaram significativamente de P. vulagris para os estágios de protoninfa (1,85, 1,82 e 2,64 dias) (F= 10,636; P= 0,001) e deutoninfa (2,71 2,67 e 3,25 dias, respetivamente) (F= 4,108; P= 0,034) (Tabela 2).

Níveis de expansão populacional de T. urticae e N. pseudolongispinosus em plantas hospedeiras

Entre as plantas hospedeiras, os níveis de expansão populacional de T. urticae e N. pseudolongispinosus foram significativamente mais elevados (15,66, 9,66 por folha) em L. purpureus do que em P. lunatus (13,33, 8,66 por folha), respetivamente. Por outro lado, P. vulagris apresentou densidades de ácaros significativamente mais baixas (5,33, 2,00 por folha) (F= 6,008, 4,937; P= 0,037, 0,054). Quanto maior a magnitude de ambos os parâmetros (área foliar e espessura), maior a frequência de atividades dos ácaros (Tabela 1, 2 e 3). Os níveis populacionais de T. urticae e N. pseudolongispinosus foram maiores em plantas hospedeiras com grande área foliar, folhas mais espessas, menor número de pêlos, menor largura do caule e maior altura da planta.

Tabela 2. Parâmetros biológicos de T. urticae influenciados por diferentes espécies de plantas hospedeiras.

Life stage	Mean duration on host plant (day)		
	Phaseolus lunatus	*Lablab purpureus*	*Phaseolus vulagris*
Egg	5.32 ± 0.20 a	5.14 ± 0.18 a	5.57 ± 0.21 a
Larva	1.78 ± 0.06 a	1.75 ± 0.07 a	1.89 ± 0.09 a
Protonymph	1.85 ± 0.16 a	1.82 ± 0.17 a	2.64 ± 0.07 b
Deutonymph	2.72 ± 0.13 a	2.68 ± 0.13 a	3.25 ± 0.19 b
Female fecundity per day	4.42 ± 0.42 b	5.85 ± 0.40 c	3.00 ± 0.57 a
Female longevity	23.57 ± 0.71 b	25.00 ± 0.69 b	19.28 ± 1.89 a
Male longevity	13.85 ± 0.96 b	15.28 ± 0.77 b	10.71 ± 1.18 a
Mean generation time	11.67 ± 0.45 a	11.39 ± 0.46 a	13.35 ± 0.37 b
Population expansion level	13.33 ± 1.76 b	15.66 ± 2.84 b	5.33 ± 1.85 a

Letras diferentes indicam diferenças significativas entre as diferentes espécies de plantas hospedeiras a P < 0,05.

Adequação da planta hospedeira a N. pseudolongispinosus

A influência das espécies de plantas hospedeiras de T. urticae em diferentes parâmetros de N. pseudolongispinosus está resumida na Tabela 3. Os resultados confirmaram que o ácaro predador Neoseiulus foi capaz de se desenvolver, sobreviver e pôr ovos utilizando presas em todas as espécies de plantas utilizadas. Entre as três espécies de plantas, os dados de N. pseudolongispinosus na Tabela 3 mostraram a maior fecundidade em L. purpureus (3,57 ovos por dia) (F= 10,172; P= 0,001). Seguiu-se P. lunatus com 2,42 ovos, o que também foi significativamente mais elevado do que P. vulagris, com apenas 1,14 ovos. Das três espécies de plantas, não foram encontradas diferenças significativas nas durações de todos os estádios de desenvolvimento [ovo (F= 1,800; P= 0,194), larva (F= 1,615; P= 0,226), protoninfa (F= 1,954; P= 0,171) e deutoninfa (F= 1,860; P= 0,184)] entre os diferentes hospedeiros. Porém, a longevidade de N. pseudolongispinosus variou muito de acordo com a espécie de planta, tanto em fêmeas (F= 13,261; P= 0,000) quanto em machos (F= 12,822; P= 0,000). Esses períodos duraram em média 24,00 dias (fêmea) e 16,28 dias (macho) em P. lunatus, enquanto que, em L. purpureus, as médias foram de 27,71 dias (fêmea) e 19,57 dias (macho) do que 20,00 dias (fêmea) e 13,42 dias (macho) em P. vulagris.

Tabela 3. Parâmetros biológicos de N. pseudolongispinosus influenciados por diferentes espécies de plantas hospedeiras de T. urticae.

Life stage	Mean duration on different host plants (day)		
	Phaseolus lunatus	*Lablab purpureus*	*Phaseolus vulagris*
Egg	3.46 ± 0.10 a	3.28 ± 0.06 a	3.53 ± 0.11 a
Larva	1.82 ± 0.07 a	1.78 ± 0.08 a	1.96 ± 0.06 a
Protonymph	2.92 ± 0.07 a	2.89 ± 0.09 a	3.15 ± 0.12 a
Deutonymph	3.82 ± 0.07 a	3.80 ± 0.08 a	4.00 ± 0.09 a
Female fecundity per day	2.42 ± 0.52 b	3.57 ± 0.36 c	1.14 ± 0.14 a
Female longevity	24.00 ± 1.11 b	27.71 ± 1.20 c	20.00 ± 0.81 a
Male longevity	16.28 ± 1.01 b	19.57 ± 0.64 c	13.42 ± 0.86 a
Mean generation time	12.02 ± 0.12 a	11.75 ± 0. 18 a	12.64 ± 0. 24 b
Population expansion level	8.66 ± 1.45 a	9.66 ± 2.84 a	2.00 ± 0.57 b

Letras diferentes indicam diferenças significativas entre as diferentes espécies de plantas hospedeiras a P < 0,05.

No geral, a espécie de planta hospedeira da presa teve uma influência importante no desenvolvimento médio total do predador N. pseudolongispinosus (F= 5,619; P= 0,013). A comparação estatística efectuada mostrou um tempo médio de geração substancialmente mais longo em P. vulagris (12,64 d) do que nas plantas hospedeiras L. purpureus e P. lunatus (11,75 e 12,02 d, respetivamente).

As características morfológicas observadas para 3 espécies de plantas foram a área foliar, a espessura da folha, a pilosidade da folha, a largura do caule e a altura da planta. No entanto, é mais provável que as características foliares sejam mais importantes do que outras características vegetais para as espécies de ácaros. Neste estudo das relações entre as combinações de caracteres vegetais e as populações de ácaros, os caracteres vegetais como o aumento da largura do caule (P. vulagris) e a altura da planta (P. lunatus) não mostraram qualquer correspondência importante com o aumento da população. A comparação dos resultados das características das histórias de vida dos ácaros com os traços das plantas hospedeiras, mostrou que a área foliar, a espessura e a pilosidade foram responsáveis pela variância que resultou em variações no desenvolvimento dos ácaros em diferentes espécies de plantas. A L. purpureus e a P. lunatus foram visivelmente diferentes da outra planta de teste P. vulagris no que diz respeito a N. pseudolongispinosus e T. urticae, tempo médio de geração, fecundidade e longevidade e, por conseguinte, foram plantas de laboratório valiosas para a criação de acarinos. No entanto, mais informações sobre os efeitos das plantas hospedeiras na história de vida dos ácaros predadores e sobre os factores que influenciam a densidade dos ácaros devem ser examinadas no futuro. O L. purpureus tinha folhas lisas, com apenas alguns pêlos à volta da nervura mediana, e o P. lunatus também tinha folhas lisas com pêlos moderados, ao passo que o P. vulagris era excessivamente peludo na nervura mediana e na lâmina foliar, mas as folhas eram duras. Os pêlos abundantes nas folhas de P. vulagris são muito susceptíveis de dificultar o movimento de N. pseudolongispinosus, o que levou a um menor número de presas comidas nesta espécie de planta. Esta constatação é coerente com outros trabalhos, que mostraram que os tricomas e os pêlos das folhas afectam as actividades biológicas dos predadores. Skirvin e Fenlon (2001) determinaram que a morfologia da cultura é o único fator que influencia a capacidade predatória das espécies vegetais, porque o ácaro predador (P. persimilis) testado comeu menos ovos numa planta (crisântemos) com folhas peludas e consumiu um maior número de presas (T. urticae) numa espécie com folhas lisas. No entanto, foram consumidos igualmente poucos ovos na planta de folhas lisas, o que demonstra que outros caracteres morfológicos das folhas, para além da posse de pêlos e tricomas, podem afetar as taxas de predação. As variações entre as espécies de plantas que afectaram o desenvolvimento dos predadores podem estar quase certamente relacionadas com as estruturas das folhas. Os hospedeiros menos pilosos, como L. purpureus e P. lunatus, apresentaram um tempo de desenvolvimento mais curto para o predador do que as plantas de folha pilosa, uma vez que as estruturas pilosas dificultaram a procura de presas e o predador precisa de gastar mais energia para completar o seu desenvolvimento. O predador foi capaz de se alimentar das presas em grande medida sem dificuldade nas folhas de L. purpureus, tendo em conta o facto de estas terem menos pêlos, mas não tão facilmente nas folhas de P. vulagris, uma vez que estas tinham pêlos densos e, por essa razão, não foi possível ao predador completar o seu desenvolvimento em tão pouco tempo como nas plantas de L. purpureus e P. lunatus. Além disso, as ninfas de N. pseudolongispinosus atacaram o seu hospedeiro com menor eficácia e atacaram menos vezes T. urticae nas folhas mais pilosas de P. vulagris do que nas folhas menos pilosas de L. purpureus e P. lunatus. Em P. vulagris, caíram das plantas com mais frequência e demoraram mais tempo a localizar novamente as colónias de presas do que em L. purpureus e P. lunatus. Observações sobre a predação mostraram que o ácaro presa enrolou o seu tarsi à volta dos pêlos da folha, o que sugere que a capacidade de agarrar a superfície do local da folha pode criar obstáculos ao padrão de alimentação do predador. Vários investigadores afirmaram que a arquitetura das plantas e a textura da superfície influenciam o comportamento de procura dos predadores. Por outro lado, contrariamente aos nossos resultados, Carter et al. (1984) sugeriram que superfícies foliares demasiado lisas podem ter um efeito negativo no desempenho larvar do predador.

As estatísticas podem ser usadas para ver que as relações entre o predador e as suas presas foram influenciadas não só pela população de presas e pela capacidade de procura do predador, mas também pela adequação das plantas alimentares usadas pelas presas que serviram de alimento ao predador. É possível que a superfície cerosa das folhas de L. purpureus e P. lunatus tenha criado benefícios adicionais para que T. urticae se mantivesse agarrado à planta para produzir mais população, de modo que a reação de Neoseiulus contra T. urticae fez com que o predador não tivesse mais dificuldade em avançar e predar as presas nestas folhas. Esta interpretação está de acordo com as observações anteriores de que as características como os pêlos das folhas e os tricomas podem dificultar a procura de predadores e parasitas (Walter e O'Dowd, 1992), quer dificultando mecanicamente o movimento do inimigo natural (Price et al., 1980), quer através de exsudados pegajosos (Van Haren et al., 1987). Krips et al., (1999) investigaram a maior velocidade de deslocação e o crescimento máximo da população de ácaros predadores em cultivares de plantas com a menor densidade de pêlos nas folhas (Krips, 2000). Stavrinides e Skirvin (2003) referiram que o número de presas consumidas pelo predador estava inversamente relacionado com a densidade de tricomas.

Quando N. pseudolongispinosus se alimentou de T. urticae criado em diferentes espécies de plantas hospedeiras, o seu ciclo de vida completou-se em 11,75-12,64 dias. A partir da literatura publicada sobre a biologia de Neoseiulus, tornou-se evidente que existem variações notáveis nas suas características de história de vida. De acordo com um desses estudos, Zhou e Chang (1989) estudaram a biologia de A. pseudolongispinosus a 5 temperaturas diferentes (de 18° C a 34° C); os tempos médios de geração foram de 32,63 a 12. 67 dias. Zhang (1995) analisou as taxas médias de oviposição (ovos por fêmea por dia) e de desenvolvimento (dia -[1]) em N. pseudolongispinosus como 2,80 e 0,154, respetivamente. Estas diferenças em relação aos nossos estudos podem ser reflectidas devido a variações geográficas, condições climáticas e tipo de hospedeiros. Estas discrepâncias entre os estudos anteriores e o presente podem também estar relacionadas com o potencial de predação do predador e, consequentemente, com a acumulação de energia para a postura dos ovos. Além disso, a experiência determinou os efeitos significativos da espessura da folha da planta sobre ambos os acarídeos. Os feijões L. purpureus e P. lunatus possuíam uma espessura significativamente maior; a presa T. urticae criada removeu o máximo de seiva vegetal desses hospedeiros, que forneceu nutrientes desejáveis para o seu crescimento, do que as folhas de P. vulagris. Nas folhas de L. purpureus e P. lunatus alimentadas com T. urticae (mediada através de hospedeiros vegetais) quando consumidas pelo predador, os seus parâmetros biológicos foram também superiores aos das folhas de feijão P. vulagris. Estes efeitos experimentais observados podem dever-se ao facto de a química da planta ser mediada pela presa, armazenando depois estes nutrientes nos ovos. Wermelinger et al., (1991) descreveram os efeitos nutricionais de plantas hospedeiras para diferentes níveis de macronutrientes em ácaros (T. urticae) relativamente ao seu tempo de desenvolvimento, produção de ovos e longevidade alimentando-se de folhas de plantas hospedeiras. A análise da planta revelou que o desempenho do herbívoro foi mais provavelmente a resposta ao estado fisiológico geral da planta. Gillespie e Quiring (1994) efectuaram experiências e determinaram que os exsudados dos pêlos glandulares das folhas eram tóxicos para os predadores de ácaros. Estas diferenças nas características morfológicas das plantas forneceram uma indicação de que poderia haver diferenças na bioquímica das três espécies de plantas. Como as áreas foliares das espécies vegetais utilizadas na experiência foram variadas, isso influenciou N. pseudolongispinosus na procura de presas em toda a superfície foliar; é provável que os efeitos observados se devam mais às características morfológicas da planta que influenciam o comportamento de procura do predador. Malison (1996) observou que o número de fitoseídeos por folha foi positivamente correlacionado com a área foliar. Por outro lado, Prischmann et al., (2006) relataram que o tamanho da copa não afectou significativamente as densidades de ácaros pragas ou predadores, em contraste, a arquitetura da copa pareceu ter pouco impacto no biocontrolo dos ácaros. Esta conclusão é apoiada pelo facto de, na experiência em que os predadores foram criados nas três espécies de plantas, terem sido consumidas consistentemente menos presas no hospedeiro de folhas mais pequenas. No entanto, para observar plenamente o efeito dos compostos secundários das plantas na resposta funcional dos predadores, é necessária uma investigação mais pormenorizada sobre a bioquímica das plantas.

Vários estudos destacaram os efeitos da estrutura das plantas sobre os predadores. Alguns investigadores explicaram a função da domácia (o pequeno espaço na axila das nervuras na parte inferior das folhas, que é tipicamente habitado por ácaros predadores ou fungívoros) e assumiram que pode beneficiar diretamente os ácaros predadores ou fungívoros que a habitam (Walter e O'Dowd, 1992), e que as plantas beneficiam da redução do ataque de herbívoros ou agentes patogénicos por estarem associadas a artrópodes predadores ou fungívoros (Grostal e O'Dowd, 1994; Agrawal et al., 2000). Os estudos de Atsushi et al. (2002) mostraram que a densidade dos ácaros herbívoros eriofídeos que habitam os domácias afectava a densidade do ácaro predador Amblyseius. A análise dos atributos morfológicos das espécies vegetais mostrou que as arquiteturas variaram significativamente entre elas. A partir do levantamento, verificou-se que as menores taxas de crescimento mínimo de ambos os acarinos foram observadas em P. vulagris, a espécie de planta com folhas estreitas e finas, e preferencialmente maiores registros de presas e predadores em L. purpureus abordados pela espécie P. lunatus com lâmina foliar larga e grossa, significando que a posse de caracteres morfológicos das folhas, além dos traços do caule, pode interromper as taxas de predação. Marquis et al., (2006) sugeriram que a qualidade da planta e os impactos do risco de predação sobre os herbívoros podem ser influenciados pela produtividade da planta, complexidade estrutural, vigor e tamanho.

Os nossos resultados são apoiados por trabalhos anteriores, segundo os quais as plantas hospedeiras, bem como as espécies de presas, têm muitos impactos sobre os inimigos naturais, influenciando o seu sucesso de procura, a qualidade dos seus recursos alimentares e, consequentemente, as suas biologias (Price et al., 1980; Coll e Ridgeway, 1995). As espécies vegetais tiveram um impacto significativo na tabela de vida de N. pseudolongispinosus através da sua presa T. urticae, o que pode ser apoiado por três explicações viáveis. Inicialmente, a presa poderia estar a adquirir diferentes constituintes químicos criados pela planta hospedeira, tornando assim a presa de valores nutricionais variáveis para o predador. Em segundo lugar, a estrutura morfológica da planta e, em terceiro lugar, o número de presas pode ter afetado o comportamento de procura do predador. Estes resultados das interacções tróficas entre a planta, o predador e a presa podem ser utilizados para testes posteriores noutras plantas hospedeiras potenciais no desenvolvimento de estratégias de controlo biológico. Pode concluir-se que as características das plantas, tais como a área foliar, a espessura das folhas e a pilosidade das folhas, são as principais responsáveis por influenciar as densidades de artrópodes e, para obter um rendimento mais elevado, pode recomendar-se a utilização de P. lunatus e L. purpureus no ecossistema de produção de ácaros. Por conseguinte, os acarologistas que trabalham em programas de produção em massa devem dar maior importância a estas características.

Consequentemente, à luz dos resultados alcançados durante os estudos actuais, é transparente que as histórias de vida do predador e da presa em 3 hospedeiros vegetais foram influenciadas principalmente por 3 factores: 1. Capacidade de procura de presas do predador e capacidade de forrageamento da presa devido aos possíveis efeitos da morfologia da folha (densidade, área e espessura dos pêlos da folha) e da arquitetura da planta (altura e largura). 2. Disponibilidade de alimentos adequados em abundância para a presa e o predador. 3. Qualidade do alimento devido às características nutricionais das plantas. Presume-se que todos estes factores influenciaram significativamente os traços da história de vida da presa e do predador, e que estes se saíram melhor nestas plantas, especialmente em L. purpureus e P. lunatus. Obviamente, é possível saber que o predador teve um melhor desempenho nestas duas plantas porque a presa teve um melhor desempenho nestas plantas. No entanto, para compreender os efeitos dos produtos químicos das plantas nos parâmetros biológicos de Neoseiulus e T. urticae, é obrigatório efetuar mais investigação exaustiva sobre a bioquímica. A partir dos estudos actuais, as conclusões podem ser as seguintes 1. As plantas hospedeiras L. purpureus, P. lunatus e P. vulagris tiveram um impacto significativo no desenvolvimento de T. urticae, e as presas, juntamente com as estruturas das plantas, influenciaram as tabelas de vida de N. pseudolongispinosus. 2. De acordo com estes resultados, os feijões L. purpureus e P. lunatus constituíram espécies de plantas hospedeiras mais adequadas para a criação de ácaros devido ao curto tempo de desenvolvimento, à elevada longevidade e à elevada taxa de fecundidade dos ácaros. 3. Morfologicamente, as espécies de plantas mostraram que as arquitecturas essenciais das folhas variavam significativamente entre elas, L. purpureus e P. lunatus possuíam atributos de espessura e área foliar significativamente mais elevados, o que, juntamente com os constituintes das plantas que eram intervencionados pelas larvas, ninfas ou adultos de T. urticae, conduziu a uma boa fixação da população do predador. Estas conclusões gerais podem ser aplicadas a outras espécies de plantas e os gestores de pragas devem efetuar estudos pormenorizados nos seus próprios sistemas vegetais e não devem assumir que o comportamento de forrageamento da presa e do predador é o mesmo em todas as plantas.

2. Efeitos de diferentes farinhas de sementes nos parâmetros reprodutivos e de longevidade de Tyrophagus putrescentiae (Acaridae) e do seu predador Neoseiulus pseudolongispinosus (Phytoseiidae)

A compreensão da forma como os artrópodes interagem para forragear no seu hospedeiro alimentar pode ajudar a otimizar as suas estratégias de gestão. Investigações laboratoriais sobre a biologia de *Tyrophagus putrescentiae* (Schrank), um ácaro de alimentos armazenados e seu predador *Neoseiulus pseudolongispinosus* (Xin, Liang & Ke) foram conduzidas usando farinha de soja (*Glysin max* L.), trigo (*Triticum aestivum* L.) e milho (*Zea mays* L.) como hospedeiros. A eficiência alimentar foi medida em função do tempo necessário para o desenvolvimento entre a deposição dos ovos e a emergência dos adultos, da fecundidade das fêmeas e da sobrevivência de ambos os sexos. Estes resultados indicaram que a atividade reprodutora dos ácaros predadores alimentados com *T. putrescentiae* cultivada na farinha de sementes de trigo era suscetível de ser mais vital do que a originada pelo milho e pela soja. O efeito dos substratos hospedeiros foi altamente significativo para os diferentes parâmetros reprodutivos analisados e o crescimento populacional das espécies foi influenciado e diferiu.

História de vida de T. putrescentiae

A partir dos resultados das experiências laboratoriais, verificou-se que, em geral, foi obtido um padrão diferencial para os parâmetros da história de vida dos ácaros devido à sua resposta diferente a várias fontes de alimento (quadro 4). O tempo total de desenvolvimento das fases imaturas foi significativo para a protoninfa e a deutoninfa e não significativo no caso do ovo e da larva. Os ácaros da farinha puseram ovos ovais e transparentes, ao acaso na superfície da farinha, e todos os ovos eclodiram num intervalo de 3,28 e 3,78 dias (F= 9,046; P= 0,002). A larva oval e transparente, instantaneamente após a eclosão, durou de 1,53 a 2,21 dias (F= 9,135; P= 0,002). A protoninfa, depois de emergir do estágio de quiescência larval, alimentou-se por 3,00 (trigo), 4,67 (milho) e 5,96 dias (soja) antes de entrar na deutoninfa (F= 82,058; P= 0,000). O deutoninfo, normalmente de cor brilhante, levou o tempo total de desenvolvimento 3,92 (trigo), 5,35 (milho) e 6,92 dias (soja) antes de entrar no estágio ativo adulto (F= 70,301; P= 0,000). Normalmente, a tendência geral para o tempo médio de desenvolvimento total mostrou uma contribuição significativa dos diferentes tratamentos estudados (F= 162,211; P= 0,000).

Table 4. Duração das fases de vida de T. putrescentiae, alimentadas com diferentes alimentos.

Life stage	Mean Duration (Days)		
	Z. mays	*G. max*	*T. aestivum*
Egg	3.28 ± 0.11 a	3.78 ± 0.06 b	3.28 ± 0.10 a
Larva	1.89 ± 0.09 b	2.21 ± 0.08 b	1.53 ± 0.14 a
Protonymph	4.67 ± 0.15 b	5.96 ± 0.15 c	3.00 ± 0.18 a
Deutonymph	5.35 ± 0.23 b	6.92 ± 0.19 c	3.92 ± 0.07 a
Female fecundity	17.14 ± 2.08 b	11.42 ± 1.88 a	23.85 ± 1.29 c
Female longevity	34.14 ± 1.58 b	27.00 ± 2.40 a	40.85 ± 0.69 c
Male longevity	23.57 ± 1.58 b	18.71 ± 1.88 a	28.71 ± 0.89 c
Total mean generation	15.21 ± 0.28 b	18.89 ± 0.21 c	11.75 ± 0.32 a

time

Population growth	61.00 ± 4.16 a	32.00 ± 11.78 a	119.00 ± 25.23 b

Os dados apresentados como médias seguidas pelas mesmas letras não diferem significativamente a 0,05%.

O tempo médio de geração (dias) foi o mais curto no trigo (11,75), seguido pelo mais longo no milho (15,21). Foi o mais alto (18,89 d) com o tratamento de soja. A fecundidade foi afetada negativamente pelo feijão, pelo que se verificou o menor número médio diário de ovos (11,42/fêmea). A fecundidade mais elevada (23,85 ovos por fêmea) foi obtida no trigo, mas um número moderado de ovos por fêmea por dia (17,14 ovos) foi registado no milho (F= 12,087; P= 0,000). As longevidades dos machos e das fêmeas seguiram padrões diferentes, assim, as fêmeas aumentaram a longevidade (F= 16,727; P= 0,000) do que diminuíram a longevidade dos machos (F= 10,919; P= 0,001). Nos dados, revelou-se que a longevidade dos machos foi significativamente maior no trigo (28,71 d) do que no milho (23,57 d) e no feijão (18,71 d); assim como se verificou uma interação significativa semelhante em relação à longevidade das fêmeas entre os diferentes tratamentos (40,85, 34,14 e 27,00 d, respetivamente). Assim, as diferenças de longevidade entre os sexos masculino e feminino foram muito maiores devido às diferentes dietas.

História de vida de N. pseudolongispinosus

O efeito das diferentes dietas mediadas por T. putrescentiae foi altamente significativo para os diferentes parâmetros reprodutivos analisados de N. pseudolongispinosus (larva, protoninfa, deutoninfa, fecundidade diária, longevidade das fêmeas e longevidade dos machos), embora não tenham sido encontradas diferenças significativas para a duração do desenvolvimento dos ovos (Tabela 5). O tempo de eclosão dos ovos variou entre 3,28 e 4,07 d, quando o predador recebeu presas criadas de T. aestivum e G. max, respetivamente (F= 10,018; P= 0,001). O número de dias para a eclosão dos ovos quando o predador foi alimentado com adultos, larvas ou ninfas de T. putrescentiae criados em Z. mays foi ligeiramente diferente (3,71 d). O período de desenvolvimento larvar do ácaro predador alimentado com o hospedeiro criado em T. aestivum foi muito curto e durou apenas 1,60 d, ou seja, mais curto do que para Z. mays e G. max. Quase não foram encontradas diferenças significativas (p > 0,05) no tempo total dos períodos de larva em nenhum dos substratos de Z. mays (1,89) e G. max (1,92) (F= 5,763; P= 0,012). De todos os tratamentos, o G. max superou os outros materiais (2,96 d) para o período de protoninfa. O desenvolvimento encontrado correspondente a este parâmetro teve origem em 2,17 d quando alimentado com T. aestivum, e 2,60 d com Z.mays (F= 11,143; P= 0,001). A duração do desenvolvimento do deutoninfo quando se alimenta de presas criadas em G. max foi maior (4,00 d), do que o estágio de deutoninfo desenvolvido em Z. mays (3,64 d) e T. aestivum (3,10 d) (F= 16,011; P= 0,000). As fêmeas adultas do predador, após a emergência, começaram a pôr ovos com aproximadamente 4 d de idade, a fecundidade variou de 1 a 4 ovos por fêmea por dia, a maior atividade de oviposição foi em média 3,57 ovos/dia em T. aestivum, e 2,85 ovos em Z. mays. Por conseguinte, o número de ovos ovipositados por uma fêmea predadora que permaneceu na presa G. max foi inferior (1,28 ovos) ao dos outros tratamentos, Z. mays e T. aestivum (F= 28,714; P= 0,000). As longevidades da fêmea e do macho testadas foram as mais promissoras quando se alimentaram de presas do hospedeiro T. aestivum, que aumentaram a taxas aceleradas de 29,42 (F= 28,747; P= 0,000) e 20,85 d (F= 10,743; P= 1,001), respetivamente. No entanto, a taxa recuou para o nível de 25,85 e 16,85 d, respetivamente, nas presas de Z. mays. Posteriormente, o tempo mínimo de longevidade foi, em média, de 17,71 e 13,14 dias, quando fornecido com presas cultivadas de G. max. As fêmeas foram responsáveis por uma longevidade superior à observada para os machos, mesmo quando foi fornecida uma abundância de alimento a ambos os sexos. De todas as farinhas de hospedeiros experimentadas, o ciclo de vida foi mais pronunciado no predador (F= 26,797; P= 0,000) quando alimentado com presas cultivadas de T. aestivum, em que o tempo total de geração em média foi significativamente reduzido para 10,17 do que 11,85 e 12,96 d, quando as presas de Z. mays e G. max foram aplicadas, respetivamente, no estudo.

Table 5.   Duração dos parâmetros da história de vida determinados para N. pseudolongispinosus que se alimenta de T. putrescentiae alimentada em diversos hospedeiros alimentares.

Life stage	Mean Duration on Host plant (Days)		
	Z. mays	*G. max*	*T. aestivum*
Egg	3.71 ± 0.14 b	4.07 ± 0.10 b	3.28 ± 0.11 a
Larva	1.89 ± 0.05 b	1.92 ± 0.04 b	1.60 ± 0.28 a
Protonymph	2.60 ± 0.14 b	2.96 ± 0.10 c	2.17 ± 0.10 a
Deutonymph	3.64 ± 0.10 b	4.00 ± 0.07 c	3.10 ± 0.14 a
Female fecundity	2.85 ± 0.26 b	1.28 ± 0.18 a	3.57 ± 0.20 c
Female longevity	25.85 ± 1.45 b	17.71 ± 0.96 a	29.42 ± 0.84 c
Male longevity	16.85 ± 1.62 b	13.14 ± 1.14 a	20.85 ± 0.45 c
Total mean generation time	11.85 ± 0.23 b	12.96 ± 0.16 c	10.17 ± 0.36 a

Os valores numa linha seguidos pelas mesmas letras não são significativamente diferentes a 0,05.

Farinha de sementes e seus principais componentes

Neste estudo, a análise dos principais constituintes da farinha de diferentes sementes levou à identificação de hidratos de carbono, cinzas, proteínas e gorduras (Tabela 6). Os constituintes percentuais identificados na farinha das sementes de trigo foram diferentes dos constituintes do milho e da soja. Assim, a população final do ácaro praga foi influenciada pelo efeito da farinha das sementes, pois a composição química destas diferiu. Com a dieta de farinha de trigo, a densidade final de T. putrescentiae aumentou significativamente (119,00/g) em comparação com o crescimento reduzido da população das dietas de milho

(61,00/g) e feijão (32,00/g) (F= 7,421; P= 0,024) (Tabela 6). Indicou a diferente sensibilidade do T. putrescentiae aos meios de farinha, sendo menos sensível à farinha de trigo.

Table 6. Composição química das farinhas de trigo, de milho e de soja em base seca.

Ingredients	Wheat (*T. aestivum*)	Maize (*Z. mays*)	Soybean (*G. max*)
Protein (%)	10.90	4.90	21.60
Fat (%)	3.0	2.5	4.7
Ash (%)	10.0	6.0	2.0
Moisture (%)	8.0	8.0	8.0
Carbohydrate (%)	73.9	19.0	70.9

A comparação entre os macronutrientes das farinhas de soja, milho e trigo apresentada na Tabela 6, mostrou que a farinha de trigo tinha mais hidratos de carbono e cinzas (73,9 e 10,0%) mas menos proteína e gordura (10,9 e 3,0%) do que a farinha de soja (70,9, 2,0, 21,6, 4.7%) ou farinhas de milho (19.0, 6.0, 4.9, 2.5%), e sugeriu a superioridade da farinha de trigo em relação às outras no suporte de uma população mais elevada de ácaros devido aos teores mais elevados de hidratos de carbono e cinzas, mas reduzidos de proteínas e gorduras em comparação com ambos os outros produtos. As variações nos rácios e a interação entre estes componentes das diferentes farinhas desempenharam um papel significativo nas suas propriedades funcionais.

Isto foi confirmado pelos estudos de dieta, em que as respostas de ambos os ácaros variaram de acordo com o tipo de alimento, e os ácaros predadores preferiram as presas de T. putrescentiae criadas em trigo e milho, mas também atacaram os ácaros do bolor criados em soja. Assim, verificou-se que o alimento anterior determinou a preferência da praga e, em última análise, do predador, e a presença de diferentes nutrientes no alimento hospedeiro acelerou o seu desenvolvimento. Estes resultados indicaram que as actividades de crescimento dos ácaros podem ser atribuídas principalmente aos teores de proteínas e gorduras na soja do que nas farinhas de trigo e de milho. As variações e interacções entre estes componentes das diferentes farinhas desempenharam um papel significativo nas suas propriedades funcionais. No entanto, o perfil de aminoácidos, que é crucial para avaliar a qualidade proteica da farinha, deve ser mais explorado. Estes resultados estão de acordo com os relatados anteriormente, em que se demonstrou que as proteínas das leguminosas têm uma atividade inseticida contra pragas de produtos armazenados. Os grãos enriquecidos com farinha de feijão (P. vulgaris) inibiram o crescimento de ácaros dos produtos armazenados. Neste estudo anterior, a toxicidade da farinha de feijão foi testada para o crescimento da população de T. putrescentiae, Acarus siro e Aleuroglyphus ovatus iniciada a partir de uma densidade de 50 ácaros por 0,2 g de dieta registada durante 21 dias. O enriquecimento do grão com farinha de feijão suprimiu o crescimento da população das espécies testadas (Hubert et al., 2006). Da mesma forma, Ottoboni et al., (1993) não observaram ácaros em grãos de soja. Rachna e Sudha (1994) investigaram o comportamento alimentar de T. putrescentiae, os grãos inteiros resultaram num baixo crescimento populacional, com a infestação a aumentar à medida que os grãos se tornavam mais finos, ou seja, grãos partidos e moídos, mas a forma moída foi a mais preferida para o trigo. White et al., (2003) realizaram experiências para determinar o potencial de infestação do trigo e das sementes oleaginosas (girassol, soja, colza e mostarda) pelos ácaros dos produtos armazenados. Verificou-se que os ácaros dos produtos armazenados testados podem sobreviver em cereais e oleaginosas armazenados inteiros em graus variáveis, mas as espécies de ácaros aproveitaram melhor os cereais danificados, onde os nutrientes estão facilmente disponíveis, resultando em grandes aumentos populacionais. Por outro lado, o esmagamento de sementes oleaginosas parece inibir a propagação de ácaros, provavelmente devido ao teor excessivo de óleo (45% de peso seco) na farinha. Liu et al., (2006) estudaram o desenvolvimento e o crescimento de todas as fases de T. putrescentiae criadas com dois alimentos diferentes (milho e levedura). Os resultados mostraram que o ingrediente alimentar desempenhou um papel importante, para os ácaros criados com levedura, a geração completa demorou 48,04 e 8,41 d, enquanto que, para os ácaros criados com milho, a geração completa durou 78,79 e 10,77 d a 12,5 e 30 graus° C, respetivamente. No entanto, o teste final da funcionalidade de um ingrediente num sistema alimentar é a incorporação do ingrediente numa formulação alimentar específica. O aumento do nível de conteúdo proteico em combinação com outros nutrientes mostrou uma diminuição na densidade dos ácaros. Por conseguinte, a utilização alargada de misturas deve depender do conhecimento das suas propriedades químicas e funcionais.

A investigação relatada no presente estudo concluiu que, com diferentes dietas, o tempo médio de geração do ovo ao adulto de T. putrescentiae durou 11,75-18,89 d. Consequentemente, o ácaro predador, quando alimentado com T. putrescentiae cultivado em diferentes dietas, o tempo total de desenvolvimento foi de 10,17-12,96 d. Estes resultados são, em certa medida, semelhantes aos resultados relatados para as espécies de fitoseídeos por investigadores anteriores. Quando alimentado com fêmeas e ovos de ácaros S. nanjingensis, o ciclo de vida de Amblyseius cucumeris (tempo de desenvolvimento de ovo para ovo 7,7 d para a primeira geração e 7,8 d para a segunda geração) foi tão longo como o seu ciclo de vida na sua dieta normal no laboratório, T. putrescentiae (7,8 d) a 27-28° C (Zhang et al., 2000). Melendez e Resendiz (1995) estudaram a duração média mais curta de 10,38 d e a mais longa de 11,97 d para completar o ciclo de vida nos fungos spp. Fernando et al., (2004) efectuaram estudos para determinar uma presa alternativa para a criação de Neoseiulus baraki, como fonte de alimento no ácaro de armazenamento, T. putrescentiae. O ácaro desenvolveu-se e multiplicou-se satisfatoriamente em 11,1+ ou- 0,1 d e depositou 26,4+ ou-2,2 ovos durante um período de vida de 70,0+ ou- 1,8 d. A fecundidade de T. putrescentiae foi de 143,7+ ou-9,7 ovos no farelo de arroz. O presente estudo confirmou a maior longevidade dos ácaros fêmeas do que dos machos; de forma semelhante, Sanchez-Ramos e Castanera (2005) observaram padrões diferentes para os dados de longevidade de machos e fêmeas de T. putrescentiae, com maiores longevidades para os machos a temperaturas intermédias e valores mais semelhantes para ambos os sexos a temperaturas extremas (10-34° C).

As presentes experiências conduzidas em laboratório para explorar certos aspectos biológicos do ácaro predador fitoseídeo demonstraram que a ninfa e o adulto de N. pseudolongispinosus foram capazes de se desenvolver desde o ovo até à maturidade quando alimentados com diferentes dietas criadas pelo hospedeiro T. putrescentiae e que o tempo médio de geração durou entre 10-17 e 12-96 dias. putrescentiae e o tempo médio de geração durou entre 10,17 e 12,96 d. Em experiências anteriores, Zhou e Chang (1989) estudaram a biologia de Amblyseius pseudolongispinosus a 5 temperaturas diferentes (de 18 a 34º C); os tempos médios de geração foram de 32,63 a 12,67 d. Enquanto Zhang e Chang (1989) estudaram a biologia de Amblyseius pseudolongispinosus a 5 temperaturas diferentes (de 18 a 34 C); os tempos médios de geração foram de 32,63 a 12,67 d. 67 d. Por outro lado, Zhang (1995) analisou as taxas médias de oviposição (ovos por fêmea por dia) e de desenvolvimento (dia $^{-1}$) em N. pseudolongispinosus durante 2,80 e 0,154 d, respetivamente.

Consequentemente, o trigo é recomendado como uma boa fonte barata para a criação de ácaros, melhorando a qualidade nutricional das preparações de dietas experimentais. Quando testado, N. pseudolongispinosus mostrou efeitos biológicos pronunciados ao alimentar-se de presas e revelou-se mais promissor para a sua possível utilização contra T. putrescentiae no armazenamento. No entanto, é necessária uma estratégia integrada de gestão de pragas que envolva vários aspectos, como a limitação do teor de humidade dos alimentos transformados a 12%, a mistura de óleo vegetal a alguns alimentos (2% p/p), uma prática de higiene rigorosa dentro e em redor das instalações de transformação e armazenamento e a rejeição de grãos infestados no ponto de receção (Nayak, 2006) para gerir a infestação de ácaros T. putrescentiae. Como ponto final, é realizado que: 1. O ácaro predador pode ser facilmente criado em laboratório, em placas de Petri cheias com o substrato para a multiplicação do ácaro presa. 2. O melhor alimento para obter a fecundidade mais elevada e a duração mais baixa dos parâmetros da história de vida é quando o ácaro predador é alimentado com o hospedeiro criado em trigo. 3. O ácaro predador N. pseudolongispinosus é capaz de reduzir a população de T. putrescentiae em ensaios laboratoriais, mas a sua aplicação prática é ainda mais sugerida. Consequentemente, N. pseudolongispinosus pode ser utilizado como agente de controlo biológico de T. putrescentiae em condições de campo e de armazenamento e, como potencial agente de biocontrolo, a sua produção em massa utilizando T. putrescentiae criado em dieta de trigo pode ser considerada como uma fonte de alimento adequada.

3. Adequação do consumo de ovos de Loxostege sticticalis L. (Lepidoptera: Pyralidae) por adultos e instares do ácaro predador Neoseiulus pseudolongispinosus (Xin, Liang & Ke) (Acarina: Phytoseiidae)

O género Loxostege tem uma distribuição mundial e inclui um grupo de insectos pragas economicamente importante. A aptidão para o desenvolvimento de Neoseiulus pseudolongispinosus (Xin, Liang & Ke) (Phytoseiidae), utilizando adultos e diferentes instares, foi testada em ovos de Loxostege sticticalis L. (Lepidoptera: Pyralidae) para a seleção de novos agentes de controlo. Não há informações sobre a biologia do predador Neoseiulus (=Amblyseius) pseudolongispinosus em L. sticticalis. Para a sua possível utilização em programas de controlo biológico contra o L. sticticalis, é importante conhecer o efeito deste hospedeiro na reprodução deste predador. A eficácia do predador de ácaros como potencial agente de controlo biológico foi estimada através da medição das taxas de consumo e destruição de presas por diferentes fases de vida. Outras avaliações incluíram a duração e viabilidade de cada instar, períodos de pré-oviposição e oviposição, capacidade total de oviposição e longevidade na fase adulta. Os resultados comprovaram que o alimento oferecido em quantidade análoga, apresentou variações na tendência de consumo entre as diferentes fases de vida do predador. Foram observadas e registadas as actividades dos ácaros predadores, tais como os hábitos alimentares, os ovos danificados e a forma como foram danificados, e a oviposição. O desenvolvimento bem sucedido das diferentes fases de vida e o desempenho do predador ocorreram quando o alimento acima mencionado foi fornecido.

Desenvolvimento e Oviposição

Para este parâmetro, foram determinadas as durações das fases de ovo, imatura e adulta (Quadro 7). Os resultados laboratoriais relativos ao estudo do desenvolvimento do ácaro predador N. pseudolongispinosus revelaram que o ovo de L. sticticalis teve um forte impacto no desenvolvimento do ácaro predador testado. Os ovos postos por fêmeas adultas que se alimentaram de ovos de presas conseguiram atingir o seu desenvolvimento completo num período médio de 3,29 dias; por outro lado, a protoninfa conseguiu atingir o seu desenvolvimento completo em 3,10 dias médios, no entanto, os resultados não foram detectados de forma significativa entre ambas as fases. O desenvolvimento tanto da larva como do ácaro predador deutoninfa, quando alimentados com presas oferecidas, foi significativamente afetado. No caso da larva, foi observada uma duração reduzida de 2,21 dias em comparação com a do deutoninfo, tendo o nível médio atingido 4,07 dias. Todas as fases de vida, do ovo ao deutoninfo, amadureceram e desenvolveram-se para os instares seguintes num período significativamente normal e os instares resultantes apresentaram um crescimento saudável. A duração média total do desenvolvimento dos ovos e das fases imaturas foi de 12,75 dias (mínimo 12,0 máximo 13,50, S. D. 0,540) na mesma espécie hospedeira (F= 269,576; P= 0,000). Os períodos de pré-oviposição e oviposição dos ácaros predadores testados também foram alcançados satisfatoriamente devido às espécies de presas oferecidas. Foram registados períodos médios de pré-oviposição e oviposição de 4,28 e 8,71 dias para as fêmeas alimentadas com ovos (mínimo 3,5 e 7,0, máximo 5,00 e 12,0, S. D. 0,585 e 2,058, respetivamente). Em média, o número de ovos postos na sequência de um acasalamento único ou múltiplo foi de 1,42/fêmea por dia (mínimo 1, atingindo um máximo de 2 oviposições, S. D. 0,534) (Quadro 7).

Tabela 7. Análise de variância para parâmetros genéticos e desempenho médio do predador de ácaros.

Life Parameter	Duration		Descriptive Statistics	
	Minimum	Maximum	Sum/ Mean	Std. Deviation
Preoviposition	3.5	5.0	4.28	0.585
Oviposition	7.0	12.0	8.71	2.058

Fecundity		1.0	2.0	1.42	0.534
Total	Development	12.0	13.50	12.75	0.540
Period					

Os valores de pré-oviposição, oviposição e desenvolvimento nas diferentes colunas horizontais denotam os dias, enquanto que a fecundidade está em número.

Consumo de presas

A taxa diária de consumo de alimentos em relação às diferentes fases de vida dos ácaros predadores é apresentada no quadro 8. As fases larvares dos ácaros predadores não se alimentaram adequadamente desta presa. As ninfas alimentaram-se desta presa, mas a predação foi baixa em comparação com os adultos. Com diferentes estágios de vida, variações na predação resultaram na morte de alguns indivíduos nos diferentes estágios de desenvolvimento. Com ambos os ácaros predadores adultos, foram determinadas diferenças significativas na predação das presas entre as duas fases de vida. A fêmea do ácaro predador que foi oferecida com ovos, aceitou ao máximo esta presa para se alimentar e apresentou o maior consumo de presa num dia, seguida do macho, deutoninfa, protoninfa e a menor predação na larva (F= 50,328; P= 0,000). Com a fêmea, registou-se a maior taxa de destruição de ovos (3 ou 4/dia) e a menor determinada com o macho e os estádios imaturos (larva, protoninfa, deutoninfa, respetivamente). A capacidade de consumo total do predador foi mais elevada na fêmea (3,57 presas/predador por dia) seguida do macho (2,85 presas/predador). Foi observado o consumo de um número médio muito baixo de presas de 15 ovos por estágios imaturos. A taxa diária de consumo de alimento foi maior no deutoninfo, enquanto que a menor no protoninfo (2,14 e 1,14, respetivamente, significativamente diferentes entre si), não tendo sido observada predação de ovos na larva. Em todos os estádios predatórios, a taxa de predação mais elevada foi registada na fêmea, tendo os ovos como presa. Embora a preferência alimentar de todos os outros estádios predadores fosse variável, aceitaram os ovos como alimento alternativo. O número médio de ovos mortos, colapsados, total e parcialmente ou esvaziados por fêmea, quando lhe foram apresentados 15 ovos de L. sticticalis, foi o mais elevado (3,57 por dia), superior ao número médio (2,57) de ovos destruídos nos machos e ninfas. Os números médios de ovos destruídos foram de 1,42 por dia, cada um em deutoninfa e protoninfa, este valor foi significativamente diferente do valor comparativamente muito baixo obtido na fase de larva (0,28 ovos) (F= 32,083; P= 0,000). Pode concluir-se que os ovos de L. sticticalis foram os mais adequados para a criação de ácaros predadores.

Hábitos de predação e de oviposição

Quando os adultos de N. pseudolongispinosus foram colocados em placas de Petri contendo ovos, os ácaros não se motivaram imediatamente para a presa. Passadas 2-3 horas, os ácaros começaram a prestar atenção às presas e depois iniciaram as suas actividades sobre os ovos ou muito perto deles. Os N. pseudolongispinosus, larvas, ninfas e adultos, foram capazes de localizar os ovos do hospedeiro no recipiente. O predador conseguiu trepar por cima dos ovos e alimentou-se, ou então começou a alimentar-se a partir da base de um ovo. A predação dos ovos não começou, em geral, antes de 3-4 horas após a transferência para as placas de Petri, período após o qual o predador partiu uma pequena parte da casca do ovo para criar um buraco adequado para a alimentação. O N. pseudolongispinosus alimenta-se então do ovo a partir do seu interior e a casca do ovo é frequentemente deixada em contacto com a tira de papel. Logo que os ovos eram totalmente consumidos, os ácaros deslocavam-se ou afastavam-se do local. As larvas apenas danificaram ligeiramente o ovo e as ninfas concentraram-se nos ovos previamente danificados a partir da base, preferindo geralmente os ovos recém-macios. No entanto, não se observou que nem as larvas nem as ninfas entrassem na casca de um ovo intacto. Nenhum dos estádios de alimentação do predador foi observado a alimentar-se de qualquer dos instares larvares da presa hospedeira. No que diz respeito aos hábitos de oviposição do predador, a maioria dos ovos do predador foi depositada perto da presa ou diretamente sobre os ovos, com um maior número de ovos a serem ovipositados sobre presas danificadas.

Tabela 8. Consumo alimentar e taxas de desenvolvimento em diferentes fases de crescimento do ácaro predador S. E ± (Erro Padrão.) mostrando flutuações nos valores reais.

Life stage	Prey consumption		Development Time/ Longevity (days)	Survival (%)
	Egg consumed	Egg destroyed		
Egg	0.00	0.00	3.29 ± 0.17 b	95
Larva	0.00	0.28 ± 0.18 a	2.21 ± 0.10 a	80
Protonymph	1.14 ± 0.14 a	1.42 ± 0.20 b	3.10 ± 0.17 b	85
Deutonymph	2.14 ± 0.26 b	1.42 ± 0.20 b	4.07 ± 0.10 c	85
Adult male	2.85 ± 0.20 c	2.57 ± 0.20 c	14.42 ± 1.15*	90
Adult female	3.57 ± 0.26 d	3.57 ± 0.29 d	19.42 ± 1.15**	92

Os parâmetros seguidos pelas mesmas letras não são significativamente diferentes ao nível de 5%, enquanto que * mostra também diferenças significativas.

Sobrevivência

O hospedeiro ovo utilizado nas experiências apoiou e influenciou a sobrevivência de N. pseudolongispinosus, mas a morte dos estádios imaturo e adulto também ocorreu durante o desenvolvimento (Quadro 8). Na fase de ovo, a taxa de sobrevivência foi de 95%, enquanto que, no instar larvar, foi de 80% e teve uma taxa menor do que na fase de ovo. Em contrapartida, durante os instares protoninfa e deutoninfa, a taxa de sobrevivência foi mais elevada (85%) do que na larva. A sobrevivência média de fêmeas e machos de N. pseudolongispinosus no hospedeiro ovo também foi diferente entre os dois sexos. A existência total foi maior nas fêmeas (92%); este valor foi diferente do valor obtido nos machos (90%). Estes resultados mostram que as larvas parecem ser o estádio mais sensível do que todos os estádios imaturos e reprodutivos. Uma vez que a estimativa da taxa de sobrevivência é um fator importante para determinar a capacidade de vitória de uma população numa comunidade, as fêmeas e os machos predadores adultos apresentaram geralmente taxas de longevidade superiores às das larvas, protoninfas e deutoninfas. A longevidade média de 14,42 e 19,42 dias foi registada para adultos machos e fêmeas, respetivamente, criados em ovos e a longevidade das fêmeas foi a maior (F= 178,482; P= 0,000).

Embora Xin et al., (1981) tenham descrito Amblyseius pseudolongispinosus coletado de inúmeras plantas na China, ainda não há relatos sobre a predação de L. sticticalis, em campo ou laboratório, por este predador, apesar de ser uma das pragas mais prejudiciais às culturas. O presente trabalho teve como objetivo investigar a possibilidade de N. pseudolongispinosus poder utilizar ovos de L. sticticalis para contribuir para o controlo biológico desta praga nociva, estudando o comportamento alimentar, a resposta reprodutiva e a taxa de desenvolvimento do predador, que mostrou contribuições significativas em laboratório. Os tipos de alimentos utilizados afectaram significativamente a longevidade dos adultos e o tempo de vida, que era essencialmente necessário para um predador, mas que também parecia ser o melhor para os estádios imaturos. Verificaram-se diferenças entre os alimentos consumidos pelos ácaros adultos e os consumidos pelos imaturos. A melhor taxa de consumo nos estádios imaturos pode ser atribuída às necessidades de crescimento do corpo que ocorrem nestes estádios durante os períodos de crescimento e à energia armazenada que é depois utilizada durante as fases de quiescência. As fêmeas devoraram mais alimentos do que os estádios imaturos e os machos. Esta taxa de consumo mais elevada das fêmeas pode dever-se ao seu rápido crescimento e à necessidade de produzir ovos, sendo estes gastos de energia equilibrados por uma elevada ingestão de alimentos. O macho adulto seguiu a mesma tendência que a fêmea, o que pode ser considerado uma vantagem para um acasalamento bem sucedido, e o acasalamento é essencial para induzir a oviposição para a continuação da geração. Muitos autores notaram que a espécie Neoseiulus é um predador muito ativo de outros ácaros e insectos pragas. Haines (1981) trabalhou com ovos frescos de E. cautella e verificou que foi consumido um número médio de ovos inteiros equivalentes a 2,4. Maria et al., (2001) observaram uma oviposição diária máxima (3,9 ovos) por Neoseiulus e a sua taxa de consumo foi de 40 ovos do ácaro Mononychellus tanajoa, sugerindo que estas espécies de fitoseídeos são os melhores agentes no que diz respeito ao ataque de ovos de pragas. O número médio de ovos consumidos no presente estudo foi de 3,57 por dia e por fêmea, valor ligeiramente inferior aos 3,9 ovos totalmente consumidos por dia referidos por estes autores como o consumo máximo por uma fêmea ovipositadora, mas superior ao calculado por Haines (1981) com um número médio de ovos inteiros equivalente de 2,4 consumidos por fêmea por dia. Haines (1981) referiu que a maior parte dos ovos eram totalmente ingeridos; por conseguinte, o número médio de ovos totalmente destruídos nesse estudo foi apenas ligeiramente superior ao número médio de ovos totalmente ingeridos. No nosso estudo, contudo, o número médio de ovos parcialmente consumidos (3,57 por dia) foi semelhante ao número de ovos totalmente consumidos pela fêmea predadora. Gotoh et al., (2004) determinaram a taxa diária de consumo de presas dos estádios imaturos e das fêmeas adultas de Neoseiulus californicus em ovos de T. urticae. A fêmea comeu mais ovos do que o macho e o número total de ovos consumidos durante os estádios imaturos não diferiu significativamente. A taxa média diária de consumo das fêmeas adultas foi de 13,4 ovos.

Durante o presente estudo, o ciclo de vida total do predador foi completado num período médio de 12,75 dias, o número médio de ovos por fêmea registou 1,42 por dia e foram registadas longevidades de 14,42 e 19,42 dias para machos e fêmeas, respetivamente, criados em ovos. Zhou e Chang (1989) estudaram a biologia de Amblyseius pseudolongispinosus a 5 temperaturas diferentes (de 18° C a 34° C), os tempos médios de geração foram de 32,63 a 12. 67 dias. Pelo contrário, El-Laithy e El-Sawi (1998) estudaram o tempo de vida, os parâmetros da tabela de vida e a taxa de predação de N. californicus, as fêmeas adultas tiveram um ciclo de vida mais curto em Eriophyes dioscoridis (7,35 dias) do que em ovos de T. urticae (9,76) ou ninfas (8,05). A longevidade das fêmeas adultas foi de 39,2 dias com E. dioscoridis, mas de 31,58 e 35,7 com ovos e ninfas de T. urticae, respetivamente. As fêmeas alimentadas com ninfas de T. urticae tiveram a taxa de fecundidade mais elevada de 64,7 ovos por fêmea, em comparação com 32,95 com E. dioscoridis.

Os presentes estudos revelaram que o número médio de ovos total ou parcialmente destruídos por fêmea foi mais elevado (3,57 por dia) do que o número médio de ovos destruídos por macho e ninfa, pelo que uma utilização demasiado abusiva do alimento pode ser desejável para uma devastação tremenda de uma praga. Uma explicação para esta reação poderia ser o facto de, a densidades de presa relativamente elevadas, a capacidade intestinal remanescente não permitir a ingestão total do conteúdo da presa, tal como proposto por Sabelis (1990, 1992). Nielsen (1999) investigou o número médio de ovos destruídos por fêmea, que variava entre três e cinco ovos por dia. Estas grandes quantidades de ovos parcialmente ingeridos parecem constituir um desperdício excessivo de alimento, o que pode ser uma propriedade típica dos artrópodes predadores (Sabelis, 1992). Nielsen (2003) encontrou uma taxa média de predação de 2,2-7,0 para os ovos de E. kuehniella destruídos pelo predador em 24 horas, o que reflecte que uma grande proporção da presa disponível foi destruída. Neste estudo, foram utilizados ovos muito jovens, uma vez que os ovos podem tornar-se menos atractivos quando amadurecem, resultando assim num consumo ou destruição deficiente, o que poderia influenciar os resultados. Na maior parte dos casos, o predador partia uma pequena parte da casca do ovo para criar uma saída para a alimentação, depois alimentava o ovo no seu interior e deixava a casca do ovo em contacto com a superfície do papel. Nas condições experimentais, a maioria dos ovos foi apenas parcialmente consumida, confirmando a hipótese geral de que os ácaros predadores deixam a maior parte do conteúdo alimentar por utilizar. Este comportamento alimentar do predador parece corroborar as conclusões de Ali e Brennan (2000), segundo as quais o ácaro predador Hypoaspis miles se alimenta de Lycoriella solani (Diptera: Sciaridae) e Acarus siro (Acari: Acaridae) cortando a cutícula da sua presa com as quelíceras, sendo depois extraídas porções de material mole para um estado semi-líquido antes de serem sugadas para o canal alimentar, mas o predador por vezes mata várias presas antes de consumir qualquer uma delas.

A dieta de ovos utilizada fez com que as fases maduras dos ácaros se alimentassem mais rapidamente do que as outras fases da vida. Estas observações estão de acordo com as de Abou-Awad et al., (1989) que referiram que as fases imaturas do ácaro H. *vacuus* consumiam uma média de 13,6 ovos de mosca doméstica, enquanto as fêmeas adultas consumiam uma média de 4,1 ovos por dia. Verificou-se que os ovos de mosca doméstica constituíam uma dieta adequada para L. *athiasae,* promovendo uma taxa de oviposição que era quase igual ou superior à obtida com outros predadores mesostigmátides (Shereef et *al.,* 1980). No entanto, a taxa de oviposição de L. *athiasae* alimentado com ovos do nemátodo das galhas M. *incognita* foi muito baixa (0,35 ovos/fêmea por dia), mas outros ácaros ascídeos foram predadores vorazes de nemátodos (Walter, 1987). Hafez *et al.,* (1988) estudaram todas as fases do predador B. *tarsalis,* exceto a fase larvar que se alimenta dos ovos, e as fêmeas consumiram mais ovos e atingiram a maturidade mais cedo do que os machos. Verificámos que a fase larvar dos ácaros predadores não se alimentava de presas, exceto de alguns colapsos na superfície dos ovos. As ninfas alimentavam-se destas presas, mas a predação era baixa, resultando comparativamente em mais mortes de poucos indivíduos nas fases ninfais. O ácaro predador adulto alimentou-se e aceitou bem esta presa. Estes resultados são paralelos aos estudos de Blaeser e Sengonca (2001) sobre a predação de quatro espécies de ácaros predadores *Amblyseius* contra F. *occidentals* e T. *urticae* como presas. Foram determinadas diferenças significativas na predação e preferência de presas pelos estádios imaturos e adultos dos ácaros predadores. Além disso, durante o consumo de presas, as fêmeas devoraram um número máximo de ovos do que os machos e as fases imaturas. O consumo máximo foi registado para a fêmea adulta durante todas as fases, uma vez que consumiu uma média diária de 3,57 ovos. A capacidade de alimentação do macho foi sempre inferior à da fêmea, independentemente do tipo de alimento (Abou-Awad *et al.,* 1989).

Em todas as fases predatórias, em condições laboratoriais, registou-se uma ligeira mortalidade, mas comparativamente mais mortalidade ocorreu nas fases imaturas e ocasionalmente nos adultos. Atualmente, não encontramos razões para diferenciar as taxas de mortalidade, mas os ácaros jovens eram muito susceptíveis durante os períodos de desenvolvimento e a principal causa de mortalidade pode dever-se à incapacidade de encontrar ou adotar um novo hospedeiro. Além disso, pode dever-se à mudança de presa de T. *urticae* para ovos de traça, que resultou numa queda significativa da taxa de consumo e, finalmente, na mortalidade. No entanto, o papel de outros factores de grande amplitude menos conhecidos pode ter contribuído para a mortalidade. Com base nestes estudos, o ácaro predador parece ser um bom predador e capaz de sobreviver numa vasta gama de alimentos naturais, quer se trate de insectos ou de pragas de acarinos em plantas ou folhas de culturas. A maioria destes alimentos pode favorecer o desenvolvimento, a sobrevivência e a oviposição do predador. Esta capacidade de um predador se alimentar de outras espécies de presas alternativas, para além das pragas hospedeiras preferidas, é uma vantagem, uma vez que pode sobreviver noutras presas acarinas quando a presa principal é escassa. Estes resultados estão de acordo com os relatados para vários ácaros predadores que habitam plantas herbáceas em pomares de frutos de folha caduca. Isto é compatível com as observações de campo de Colbrie e El-Brolossy (1989), onde se indicou que o número de indivíduos do ácaro L. *athiasae* aumentou nos detritos que continham folhas de macieira e de pereira caídas (para alimentação e reprodução) durante os meses de outubro a dezembro.

Com os conhecimentos actuais sobre N. *pseudolongispinosus,* seria possível avaliar se é possível utilizar este ácaro num programa de controlo biológico. É necessária mais informação sobre a localização dos ovos de *L. athiasae* em condições naturais e sobre a eficácia do predador em encontrar esses ovos. Em relação às condições acima mencionadas, *N. pseudolongispinosus* poderia ser uma espécie útil para o controlo biológico nos campos. Experiências mais detalhadas sobre até que ponto este ácaro predador actuará essencialmente no controlo biológico de *L. sticticalis* nas culturas ainda não podem ser concluídas a partir do potencial avaliado em laboratório e têm de ser ponderadas no ambiente de campo. No entanto, a tendência para consumir e destruir as presas de ovos utilizadas tanto por adultos como por ninfas de espécies de ácaros predadores é evidentemente razoável até um certo ponto, o que implica que esta espécie tem a capacidade de aliviar a intensidade da praga.

4. Avaliação dos aspectos biológicos do ácaro predador Neoseiulus cucumeris (Oudemans) (Acari: Phytoseiidae) devido a alterações nas presas, utilizando artrópodes seleccionados

As estratégias de alimentação substituta dos predadores de ácaros são importantes para determinar a sua existência e podem desempenhar um papel fundamental na sua utilização para o biocontrolo. O objetivo deste estudo foi descrever observações relativas aos hábitos alimentares na presença ou ausência de insectos-alvo e pragas de acarinos como presas naturais. Os objectivos do nosso estudo foram identificar a eficiência com que as espécies indígenas de N. cucumeris se poderiam desenvolver em hospedeiros seleccionados e depois serem utilizadas para a supressão de pragas de insectos e ácaros. E determinar se a história alimentar do predador na dieta utilizada na sua criação afectava o sucesso do predador e quais os impactos da transferência de dieta no seu desempenho relativamente ao consumo de presas, desenvolvimento, produção de ovos e tempo de vida quando exposto a diferentes presas. Uma melhor compreensão desse consumo de presas pelo predador conduziria à sua utilização mais eficiente para o controlo biológico. O estudo utilizou pragas importantes a nível mundial, o ácaro dos alimentos armazenados Tyrophagus putrescentiae (Schrank), o ácaro vermelho Tetranychus urticae Koch e o tripes das flores ocidentais Frankliniella occidentalis (Pergande) como presas do ácaro predador Neoseiulus cucumeris (Oudemans). A sobrevivência das fêmeas de N. cucumeris foi observada em relação às dietas de presas oferecidas, e a forma como o consumo de presas, a fecundidade, o tempo de desenvolvimento e a longevidade dos adultos foram influenciados por alterações nas presas. Para o ácaro predador N. cucumeris, foram observadas diferenças significativas entre os tipos de dieta de presas utilizadas. T. putrescentiae foi a presa mais preferida, seguida de perto por T. urticae, enquanto F. occidentalis foi a menos preferida.

Proficiência do predador na presa inicial

No presente conjunto de experiências, a eficiência predatória de adultos de N. cucumeris foi investigada com F. occidentalis, T. urticae e T. putrescentiae como presas iniciais oferecidas. Os resultados desta experiência revelaram que a resposta de predação do predador observada na densidade de 15 indivíduos, os adultos de N. cucumeris apresentaram as taxas de consumo médio diário mais elevadas em T. putrescentiae e T. urticae (7,0 e 6,4 ninfas/ 24 h, respetivamente) do que as larvas de F. occidentalis (4,0/ 24 h). A duração do desenvolvimento do predador criado em T. putrescentiae, T. urticae e F. occidentalis foi, em média, de 7,6, 7,7 e 8,5 dias, respetivamente. A sobrevivência total (longevidade) das fêmeas adultas foi de 30,2, 28,0 e 23,0 dias quando criadas em T. putrescentiae, T. urticae e F. occidentalis, e a dos machos foi de 27,4, 25,0 e 20,4 dias, respetivamente. A fecundidade de N. cucumeris alimentada com T. putrescentiae e T. urticae foi um número médio de 3,8 e 3,4 ovos por 24 h, respetivamente, em comparação com 2,2 ovos quando alimentada com F. occidentalis, enquanto o período de oviposição durou 20,4, 18,0 e 13,4 dias nas respectivas presas. Assim, os parâmetros de sobrevivência do predador foram mais elevados quando se alimentou de ácaros do que de tripes (Quadro 9).

Competência do predador por presa substituta oferecida

Seria de grande valor para um inimigo natural, se este fosse capaz de se alimentar e sobreviver em fontes nutricionais alternativas em caso de ausência ou escassez de presas. Durante estas experiências, a eficiência predatória de N. cucumeris adultos foi investigada com presas alteradas, onde foram oferecidos 15 indivíduos de presas/dia. Observou-se um aumento considerável no consumo de presas por N. cucumeris (6,2 e 6,4 indivíduos por dia, respetivamente) quando aos ácaros predadores criados em tripes foram oferecidas as presas T. urticae e T. putrescentiae (F= 3,325; P= 0,071). Com a mudança das presas oferecidas, ocorreu uma diminuição do tempo de desenvolvimento de N. cucumeris de 7,8 e 7,6 dias, respetivamente (F= 3,917; P= 0,049). A fêmea colocou 3,4 ovos quando alimentada com T. urticae e 3,6 ovos quando alimentada com T. putrescentiae (F= 3,071; P= 0,084), enquanto o período de oviposição durou 15,0 e 18,4 dias com as duas presas alternadas, respetivamente (F= 2,955; P= 0,090). As fêmeas criadas em T. urticae e T. putrescentiae viveram significativamente mais tempo (25,0 e 27,4 dias) do que as fêmeas criadas em F. occidentalis (23,0 dias) (F= 3,059; P= 0,084), enquanto que os machos viveram 22,0, 24,8 e 20,4 dias (F= 3,720; P= 0,055), respetivamente, mostrando que as fêmeas tiveram uma eficiência de vida significativamente mais longa em comparação com os machos. Não houve diferenças significativas nos parâmetros biológicos de N. cucumeris alimentados com F. occidentalis e T. urticae, e T. urticae e T. putrescentiae, no entanto, estas foram significativas entre as presas F. occidentalis e T. putrescentiae.

Tabela 9. Número médio (± SE) de aspectos biológicos de N. cucumeris alimentados com presas iniciais e deslocadas de T. putrescentiae, T. urticae e F. occidentalis durante o período experimental.

Treatments		Life Parameters					
Initial and changed diets		Prey consumptions	Development time (days)	Fecundity per day	Fecundity time (days)	Female's longevity (days)	Male's longevity (days)
T¹= Western flower thrips	F. occidentalis	4.0 ± 1.0 a	8.5 ± 0.2 b	2.2 ± 0.4 a	13.4 ± 1.2 a	23.0 ± 1.4 a	20.4 ± 1.2 a
Frankliniella occidentalis	T. urticae	6.2 ± 0.6 ab	7.8 ± 0.1 ab	3.4 ± 0.4 ab	15.0 ± 1.6 ab	25.0 b ± 1.4a	22.0 ± 1.0a b
	T. putrescentiae	6.4 ± 0.5 b	7.6 ± 0. 3 a	3.6 ± 5 b	18.4 ± 1.6 b	27.4 ± 0.9 b	24.8 ± 1.2 b

T^2= Two spotted spider mite *Tetranychus urticae*	*T. urticae*	6.4 ± 0.5 b	7.7 ± 0.1 a	3.4 ± 0.2 ab	18.0 ± 1.6 ab	28.0 ± 1.4a b	25.0 ± 1.3 ab
	F. occidentalis	3.0 ± 0.3 a	8.5 ± 0.2 b	2.4 ± 4 a	14.8 ± 1.3 a	24.0 ± 1.5 a	21.4 ± 1.3 a
	T. putrescentiae	6.4 ± 0.7 b	7.7 ± 0.1 a	3.6 ± 4 b	19.8 ± 1.5 b	29.2 ± 1.8 b	26.4 ± 1.4 b
T^3= Mold mite *Tyrophagus putrescentiae*	*T. putrescentiae*	7.0 ± 0.7 b	7.6 ± 0.0 a	3.8 ± 2 b	20.4 ± 1.6 b	30.2 ± 1.6 b	27.4 ± 1.4 b
	F. occidentalis	3.0 ± 0.3 a	8.4 ± 0.3 b	2.4 ± 4 a	15.0 ± 1.5 a	25.0 ± 1.4 a	22.6 ± 1.4 a
	T. urticae	6.4 ± 0.7 b	7.7 ± 0.1 a	3.6 ± 4 b	19.4 ± 1.6 ab	28.4 b ± 1.7 a	26.0 ± 1.5 ab

As médias são significativamente diferentes (p < 0,05), se não forem seguidas pelas mesmas letras.

Ácaros predadores criados no ácaro tetraniquídeo, T. urticae, quando liberados para se alimentar de F. occidentalis, apresentaram significativamente menor taxa de predação (3,0 tripes) (F= 14,098; P= 0,001) e os ácaros amadureceram em um período mais longo (8,5 dias) (F= 7,774; P= 0,007), a fêmea resultante (F= 2.989; P= 0,088) e o macho (F= 3,616; P= 0,059) resultantes apresentaram, em média, uma longevidade reduzida (24,0 e 21,4 dias, respetivamente), uma fecundidade média diária da fêmea reduzida (2,4 ovos) (F= 3,263; P= 0,074) e um período de oviposição (14,8 dias) (F= 2,969; P= 0,090). Pelo contrário, N. cucumeris, em comparação com o tratamento com T. urticae, apresentou níveis não significativos mais elevados de consumo diário de presas (6,4 presas), taxa de oviposição (3,6 ovos) e período de oviposição (19,8 dias) quando alimentada com presas de T. putrescentiae. A longevidade dos adultos foi mais elevada para as fêmeas (29,2 dias) e para os machos (26,4 dias), mas a duração do desenvolvimento dos imaturos diminuiu para 7,7 dias com as presas de T. putrescentiae.

O ácaro predador utilizado para o último tratamento foi criado em T. putrescentiae e depois transferido para outras dietas; verificou-se que a fêmea de N. cucumeris, numa densidade de 15 presas, consumiu um número significativamente mais elevado de 7,0 T. putrescentiae/dia, em comparação com 6,4 T. urticae/dia e 3,0 F. occidentalis/dia, indicando a preferência do predador por T. putrescentiae (F= 13,170; P= 0,001). A fecundidade de N. cucumeris foi maior com 3,8 ovos/dia alimentados com T. putrescentiae em comparação com 3,6 ovos/dia com T. urticae e 2,4 ovos/dia com F. occidentalis (F= 4,778; P= 0,030). As fêmeas de N. cucumeris também apresentaram períodos de oviposição mais longos (F= 3,166; P= 0,079) quando alimentadas com T. putrescentiae (20,4 dias) em comparação com T. urticae (19,4 dias) e F. occidentalis (15,0 dias). Mas a duração do desenvolvimento foi mais curta com 7,6 dias em T. putrescentiae e 7,7 dias em T. urticae do que quando alimentado com F. occidentalis (8,4 dias) (F= 6,247; P= 0,014). Durante esta experiência, as fêmeas adultas (F= 2,827; P= 0,099) e os machos (F= 2,939; P= 0,091) tiveram uma esperança de vida significativamente mais longa, com 30,2 e 27,4 dias em T. putrescentiae do que 25,0 e 22,6 dias em F. occidentalis, mas de forma insignificante em comparação com 28,4 e 26,0 dias em T. urticae, respetivamente. Em geral, a tendência para os alimentos devorados pelos ácaros predadores mostrou evidentemente que as espécies tinham a capacidade de sobreviver com presas alternativas; isto aumentaria a probabilidade de sucesso do estabelecimento do predador, um facto que deve ser tido em conta quando se inicia um programa de biocontrolo.

Os presentes resultados revelaram que o ácaro predador N. cucumeris preferiu T. putrescentiae, seguido de perto por T. urticae, enquanto F. occidentalis foi a vítima menos consumida. Apesar de a tendência de consumo alimentar dos ácaros predadores ter sido mais direccionada para T. putrescentiae e T. urticae, também aceitaram F. occidentalis como alimento alternativo. Isto significa que o ácaro predador também se pode alimentar de F. occidentalis em caso de escassez de alimento em condições naturais. Em alternativa, verificou-se que, quando N. cucumeris foi presenteado com qualquer uma das presas alteradas, foi capaz de se alimentar de T. putrescentiae, T. urticae e F. occidentalis como presas. No entanto, para o predador N. cucumeris, após a transferência para a nova dieta, o adulto cujo progenitor foi alimentado com F. occidentalis, mostrou a preferência alimentar por T. putrescentiae e T. urticae, enquanto que a geração anterior criada com T. putrescentiae e T. urticae também aceitou F. occidentalis como presa substituta, mas ocorreu uma predação alimentar inadequada em F. occidentalis que afectou a produção de ovos, o crescimento e os períodos de sobrevivência devido à exposição a esta dieta e dependendo das dietas iniciais e anteriores utilizadas. Isto indica claramente que, se N. cucumeris for utilizado para o controlo biológico das culturas (simultâneo ou integrado, ou seja, mais libertações inoculativas ou inundatórias em diferentes momentos), este predador polífago contribuirá para reduzir a densidade das presas. Os nossos resultados relativos às predações de N. cucumeris sobre três artrópodes estão de acordo com as conclusões de Blaeser e Sengonca (2001). Estes testaram a aptidão dos quatro ácaros predadores fitosseiídeos, incluindo A. cucumeris, para o controlo biológico de F. occidentalis e T. urticae, bem como a influência de uma mudança de presa na taxa de reprodução. Os ácaros predadores tiveram a maior taxa de predação (3-4 indivíduos/dia) com T. urticae como presa e a menor com F. occidentalis (> 1 indivíduos/dia). Embora a preferência alimentar de todos os ácaros predadores fosse claramente tendenciosa para T. urticae (> dois terços), também aceitaram F. occidentalis como alimento alternativo. Com a mudança de dieta dos tripes, o número médio de indivíduos consumidos diminuiu significativamente. Os nossos resultados também estão de acordo com as conclusões de Agamy e Gomaa (2002). Estes autores utilizaram os tripes T. putrescentiae e Gynaikothrips ficorum como presas para a criação do predador Orius laevigatus. Observaram uma redução da duração total do período ninfal e uma maior taxa de sobrevivência de todos os instares ninfais com alimentação no ácaro do que no tripes. Além disso, as fêmeas tiveram, em média, maior fecundidade, período de oviposição, taxas de população e viveram mais tempo quando se alimentaram de T. putrescentiae do que de G. ficorum.

Os nossos resultados mostraram que as larvas de primeiro instar de F. occidentalis eram aceitáveis como presa na unidade de criação para o ácaro predador e que o ácaro predador era capaz de se reproduzir numa dieta de tripes. Por conseguinte, este ácaro deveria efetivamente ser capaz de reduzir as populações de tripes que habitam as plantas em termos de aceitação da sua presa e de capacidade de predação. No entanto, a eficiência e o sucesso global da predação foram limitados. Provavelmente, isso pode dever-se à menor capacidade de N. cucumeris para localizar as presas de F. occidentalis na arena, principalmente porque os tripes são menos móveis e, por conseguinte, não são facilmente reconhecidos como presas. Esta hipótese é apoiada pelas experiências de Shereef et al. (1980); segundo estes trabalhadores, os ácaros predadores fitoseídeos alimentam-se apenas das fases de desenvolvimento móveis das suas presas. Assim, o movimento da presa parece ser um incentivo importante para a localização da presa. Da mesma forma, pode haver diferenças nos conteúdos nutricionais e energéticos dos tipos de alimentos, além disso, a alimentação de presas fixas ou móveis pode também exigir diferentes capacidades para descodificar diferentes infoquímicos e para caçar (Dicke et al., 1998).

Verificámos que o ácaro predador N. cucumeris foi capaz de se desenvolver da fase de larva para a fase adulta com sucesso e de forma significativa quando alimentado com estádios imaturos de diversas presas, tendo resultados semelhantes sido também documentados por autores anteriores com diferentes tipos de dietas de artrópodes. O desenvolvimento de N. cucumeris foi mais rápido quando o predador se alimentou de T. urticae em comparação com a alimentação com T. tabaci (Abou-Eella e Abou-Eella, 2001). O N. cucumeris completou o seu desenvolvimento de ovo a adulto em aproximadamente uma semana a 24-28º C, e produziu 2-3 ovos por dia, com um máximo de 4 ovos (Zhang et al., 2001). O período de desenvolvimento e a fecundidade de N. cucumeris quando alimentada com T. urticae foram de 8,5 dias e 25,2 ovos, respetivamente. A longevidade e os períodos de oviposição foram os mais longos a 25º C (temperatura óptima para o desenvolvimento e a reprodução), com uma duração de 31,8-30,5 dias (Li et al., 2003), e a esperança média de vida da fêmea adulta foi de 28 dias (Williams et al., 2004). A fêmea predadora N. cucumeris devorou 20,2± 0,2 indivíduos móveis de T. urticae, depositou 16,2± 1,3 ovos e teve um período médio de oviposição de 18,5± 0,2 dias (Ibrahim et al., 2005). Nos presentes estudos, encontrámos uma taxa de predação significativamente mais elevada de N. cucumeris sobre T. putrescentiae e T. urticae em comparação com F. occidentalis, o que resultou num aumento da fecundidade e da longevidade do predador sobre as duas primeiras espécies de presas. De forma análoga a estes resultados, Abou-Setta e Childers (1991) obtiveram resultados paralelos em espécies de fito-seiídeos, em que o consumo de presas afectou a produção de ovos e o período de oviposição. Além disso, Castagnoli e Simoni (1991) verificaram que a taxa de oviposição de Neoseiulus atingiu o seu pico durante os primeiros 3 a 8 dias do período de oviposição, permaneceu bastante constante ao longo deste período e nenhuma das fêmeas ovipositoras morreu ou deixou de se alimentar.

Como os experimentos atuais mostraram que quando o ácaro predador foi transferido para uma nova dieta, ele não apresentou parâmetros biológicos idênticos aos da presa trocada, Neoseiulus apresentou alta eficiência em relação à oviposição, consumo de presas e aumento da taxa de desenvolvimento de imaturos quando alimentado com dieta trocada das presas T. putrescentiae e T. urticae do que com F. occidentalis ou qualquer uma dessas presas isoladamente, principalmente porque a dieta oferecida anteriormente poderia não ter qualidade nutricional semelhante à das duas primeiras espécies de presas. Portanto, o predador apresentou diferentes taxas de aumento quando alimentado com cada um desses tipos de alimento. Além disso, de acordo com Castagnoli e Simoni (1991), os fitoseídeos submetidos a qualquer mudança alimentar precisam de algum tempo para se adaptar às novas condições. Por outro lado, no nosso estudo, quando os predadores criados em F. occidentalis foram transferidos para dietas com T. putrescentiae e T. urticae, a sua eficiência em termos de parâmetros biológicos melhorou, o que indica que os ácaros se adaptaram em poucos dias à alimentação com as novas dietas transferidas, especialmente com T. putrescentiae. Assim, o predador foi o que menos sofreu com a instalação experimental e alimentou-se abundantemente dos estádios móveis de T. putrescentiae e T. urticae. Resultados paralelos foram obtidos por Van Rijn e Tanigoshi (1999) com N. cucumeris, em que a taxa de oviposição atingiu um estado estável de 4-5 dias após uma mudança de dieta. Assim, a reprodução pode ser considerada um bom indicador para avaliar o valor nutricional de qualquer tipo de alimento oferecido ao predador. No entanto, quando N. cucumeris passou de uma dieta de acarinos para uma dieta de insectos, o consumo de presas e as taxas de oviposição do predador diminuíram significativamente. Uma explicação viável para esta tendência geral pode ser o facto de, devido à baixa predação e conversão de presas, as taxas de oviposição e sobrevivência também terem diminuído. Outro possível esclarecimento para estes resultados pode ser o facto de Neoseiulus, durante o período experimental, ter aprendido e possivelmente se ter habituado a alimentar-se mais eficientemente de T. putrescentiae e T. urticae a que o predador tinha sido previamente exposto ou, por outras palavras, o predador permaneceu mais ou menos sensível à nova dieta. Da mesma forma, T. putrescentiae e T. urticae foram as dietas normais e rotineiras do predador durante muito tempo; por conseguinte, o predador adaptou-se e consumiu estas duas espécies de forma mais eficiente. Assim, é de esperar que, embora estas diferentes taxas de consumo de presas tenham ocorrido em condições laboratoriais essenciais, o ácaro N. cucumeris parece ser um predador adequado para qualquer uma das três pragas estudadas. Do nosso estudo, podemos concluir que a ampla gama de hospedeiros, a elevada propensão para a voracidade e a maior longevidade demonstrada por N. cucumeris, podem fazer deste predador um candidato ideal para se estabelecer como benéfico nas plantas e um agente de controlo biológico adequado para ser utilizado em qualquer programa de IPM contra as suas espécies de presas em diferentes sistemas de cultivo agrícola.

5. Características da história de vida do predador de ácaros Neoseiulus cucumeris (Oudemans) (Acari: Phytoseiidae) em dietas de ácaros e pólen em laboratório

A diversificação das culturas com espécies que podem oferecer pólenes adequados para o inimigo natural pode possivelmente diminuir a população de pragas nas plantas hospedeiras, aumentando a eficiência do predador. Por conseguinte, a motivação subjacente a esta experimentação foi avaliar a importância da dieta de plantas e animais e os seus impactos nos parâmetros de vida do ácaro fitosseiídeo Neoseiulus (Amblyseius) cucumeris (Oudemans) para determinar as possibilidades da sua utilização na prática. O predador foi criado em seis pólenes de plantas diferentes (milho Zea mays L., feijão-mungo Vigna radiata L., pimentão doce Capsicum annuum L., tomate Lycopersicon esculentum Mill., pepino Cucumis sativus L. e rosa Rosa multiflora Thunb.) em combinação com o ácaro alimentar Tyrophagus putrescentiae (Schrank). O conhecimento sobre o impacto relativo do pólen nos diferentes componentes da história de vida de N. cucumeris (por exemplo, tempo de desenvolvimento, fecundidade, longevidade) poderia indicar como a adição de pólen pode afetar os seus parâmetros de vida. Para comparar as fontes de alimento no que diz respeito ao seu impacto relativo em diferentes componentes da história de vida de N. cucumeris, estudou-se o efeito de diferentes fontes de alimento nas características de vida deste predador, sugerindo que a adição de alimentos alternativos a culturas não produtoras de pólen pode apoiar a estratégia preventiva de controlo de pragas para obter benefícios do pólen. Os pólenes testados como fonte de alimento para este ácaro foram seleccionados com base nos critérios de que o pólen deveria ser originário de diferentes famílias de plantas, mas alguns poderiam ser da mesma família para testar semelhanças ao nível da família, o pólen deveria ser fácil de obter e originário de culturas nas quais os ácaros podem ser utilizados como agentes de controlo biológico envolvendo a presença de dietas vegetais e animais. Os resultados do quadro 10 mostram que as dietas vegetais e animais tiveram efeitos pronunciados e significativos nos parâmetros biológicos do ácaro predador, tendo sido detectadas diferenças consideravelmente significativas. Embora o predador tenha mostrado uma clara afinidade pelos pólenes de milho e de feijão-mungo, também aceitou outras espécies de plantas importantes oferecidas como presa, e o ácaro predador parecia ocupar uma vasta gama de hospedeiros vegetais, uma vez que todos os produtos naturais testados mostraram níveis elevados de eficácia biológica.

Desenvolvimento ninfal

Pode ser observado na Tabela 10, que N. cucumeris foi capaz de se desenvolver e atingir o estágio adulto usando diferentes presas, a duração média do desenvolvimento ninfal da larva neonata até a emergência do adulto variou entre 7,50 e 8,32 dias. Quando criadas com pólen de milho e de feijão-mungo, obtiveram-se tempos de desenvolvimento significativamente mais curtos (7,50 e 7,53 dias, respetivamente). A duração do desenvolvimento quando lhe foram oferecidos pólenes de pimentão e tomate, o valor registado foi de 7,89 e 7,92 dias, respetivamente. Os tempos de desenvolvimento mais longos foram registados no pepino (8,28 dias) e na rosa (8,32 dias). Registaram-se diferenças significativas entre os tratamentos em que se estudou o desenvolvimento do imago (MS= 0,867, 0,105, F = 8,281, Sig = 0,000).

Sobrevivência imaginária

O quadro 10 mostra que não foram encontradas diferenças significativas na sobrevivência entre os pólenes do grupo do milho, do feijão-mungo e do pimentão, mas comparativamente significativas em relação ao grupo do tomate, do pepino e da rosa. A mortalidade do predador ocorreu principalmente nos dois primeiros instares ninfais, nomeadamente durante a muda. A sobrevivência imaginal total durante o desenvolvimento foi consideravelmente mais baixa (95,42% e 95,71%) quando as ninfas predadoras foram alimentadas com pepino e rosa do que (96,14% e 98,71%) com pimentão e tomate, respetivamente. A sobrevivência total durante o desenvolvimento das larvas até à fase adulta foi de 98,85% e 99,00% com o milho e o feijão-mungo como presas, respetivamente. Do mesmo modo, registaram-se diferenças significativas na percentagem de sobrevivência dos estádios imaturos (MS= 20,538, 4,786, F

= 4,292, Sig = 0,004).

Quadro 10. Estatísticas que representam as características da história de vida de N. cucumeris alimentados com uma combinação de ácaros T. putrescentiae e dietas à base de pólen.

Treatments	Life history characteristics			Adult's
	Development time (days)	Immature's survival (%)	Fecundity (numbers)	longevity (days)
$T_1=$ Maize *Zea mays*	7.50 ± 0.05 a	99.00 ± 0.53 b	3.85 ± 0.14 c	39.00 ± 0.37 c
$T_2=$ Mungbean *Vigna radiata*	7.53 ± 0.08 a	98.85 ± 0.40 b	3.85 ± 0.14 c	38.85 ± 0.40 c
$T_3=$ Sweet pepper *Capsicum annuum*	7.89 ± 0.16 b	98.71 ± 0.42 b	3.00 ± 0.30 b	35.00 ± 0.81 b
$T_4=$ Tomato *Lycopersicon esculentum*	7.92 ± 0.10 b	96.14 ± 0.73 a	2.85 ± 0.26 b	34.57 ± 1.36 b
$T_5=$ Cucumber *Cucumis sativus*	8.28 ± 0.15 c	95.71 ± 1.24 a	2.14 ± 0.26 a	31.14 ± 1.71 a
$T_6=$ Rose *Rosa multiflora*	8.32 ± 0.13 c	95.42 ± 1.17 a	2.00 ± 0.30 a	31.00 ± 1.34 a

Os valores estatísticos com letras diferentes são significativamente diferentes ao nível de 0,05.

Fecundidade da fêmea

Para o parâmetro de fecundidade, N. cucumeris apresentou flutuações significativas consideráveis, onde o número total de ovos postos variou de 2,00 a 3,85 por fêmea por dia. O número médio diário de ovos postos atingiu um máximo de 3,85 por fêmea quando os pólenes de milho e de feijão-mungo foram fornecidos como alimento, respetivamente. A oviposição média diária da fase adulta do predador nos pólens de pimentão e tomate oferecidos foi de 3,00 ovos e 2,85 ovos, respetivamente. Por outro lado, a fecundidade total de 2,14 e 2,00 ovos por fêmea por dia obtida foi significativamente mais baixa quando criada em pólenes de pepino e de rosa do que quando cultivada noutros tratamentos oferecidos. O efeito principal para as espécies de presas também foi significativo entre os tratamentos (MS= 4,495, 0,429, F = 10,489, Sig = 0,000).

Longevidade do adulto

A longevidade da fêmea adulta sobre as presas testadas e apresentadas na Tabela 10, mostrou que a longevidade variou bastante de acordo com a dieta utilizada, onde em média valorizou-se a maior taxa (39,00 e 38,85 dias) quando o predador foi alimentado com milho e feijão-mungo, enquanto que, esta foi investigada em média 35,00 e 34,57 dias com pimentão e tomate, respetivamente. Em geral, os adultos viveram menos tempo (31,14 e 31,00 dias) nos tratamentos com pepino e rosa, respetivamente, do que nos outros. A longevidade variou de acordo com a presa oferecida, embora a análise estatística tenha mostrado que tais variações não foram significativas entre milho e feijão-mungo, pimentão e tomate, e pepino e rosa. Com base na ANOVA, os efeitos principais para as espécies de predadores foram significativos (MS= 86,671, 8,817, F = 9,830, Sig = 0,000).

As presentes experiências realizadas em laboratório para explorar certos aspectos biológicos do ácaro predador fitoseídeo demonstraram que a ninfa e o adulto de N. cucumeris foram capazes de se desenvolver e reproduzir quando alimentados com T. putrescentiae e grãos de pólen. O ácaro predador foi capaz de se adaptar facilmente a várias presas oferecidas e de manter a sua capacidade de oviposição mesmo quando a presa pode ser relativamente inadequada, podendo contribuir para o controlo biológico natural. De forma semelhante, as experiências realizadas por Rasmy et al. (2000) revelaram que o tipo de alimento afectava significativamente o desenvolvimento, a longevidade das fêmeas, a fecundidade e a eficiência predatória dos ácaros fitoseídeos. O valor de diferentes pólenes como fontes de alimento, determinado pelas taxas de características de vida, incluindo desenvolvimento, oviposição e sobrevivência, seguiu as sequências por ordem decrescente: milho, feijão-mungo, pimentão, tomate, pepino e rosa. Os resultados actuais podem ser comparados com dados anteriores da literatura, em que Gillespie e Quiring (1994) registaram que o tempo de vida e a reprodução dos ácaros predadores eram mais baixos, viviam menos tempo e punham menos ovos no tomate do que nas folhas de feijão (Phaseolus vulgaris), devido ao facto de os exsudados dos pêlos glandulares das folhas de tomate serem tóxicos. Vantornhout et al., (2004) observaram que os tempos médios de desenvolvimento dos ácaros predadores em pólenes variavam entre 6,0 e 7,1 dias, sendo o valor mais elevado registado no pólen de pimentão. Este facto pode comprometer o estabelecimento deste agente de controlo biológico quando utilizado na cultura do pimento doce.

A capacidade de N. cucumeris para se alimentar e beneficiar de certos tipos de pólen pode resultar de diferenças na morfologia ou fisiologia dos órgãos sensoriais, no aparelho de alimentação, na fisiologia do sistema digestivo, nas preferências alimentares e no comportamento. Os estudos de Flechtmann e McMurtry (1992) revelaram algumas direcções interessantes. Os seus estudos comportamentais mostraram que os ácaros fitoseídeos apanham grãos de pólen individuais, rompem a escina com as suas quelíceras e, finalmente, retiram o conteúdo do grão. As diferenças observadas entre as diferentes características biológicas dos predadores podem também dever-se a atributos morfológicos das espécies de pólen. É possível que o tamanho do grão de pólen tenha um efeito importante na sua qualidade como fonte de alimento para os ácaros. Consequentemente, outras características do pólen, como a espessura e a estrutura da exina, bem como a composição nutricional, podem desempenhar um papel mais importante. Algumas das espécies de grãos de pólen testadas como fonte de alimento podem ter exinas esculpidas, ao passo que outras podem ter superfícies lisas, pelo que a capacidade do ácaro para utilizar estes pólenes como fonte de alimento foi variável. Embora as causas físicas e químicas da comestibilidade sejam ainda obscuras, devem ter uma forte relação com as espécies vegetais. Os pólenes derivados de espécies de plantas como o pimentão e o tomate, que estão ligadas ao nível da família Solanacae, apresentaram normalmente resultados semelhantes quando apresentados como fonte de alimento para o ácaro predador. Presume-se que a semelhança na qualidade alimentar do pólen de plantas semelhantes da família Solanacae resultaria numa capacidade do predador para se alimentar também de outro grupo de pólen semelhante. No entanto, não foi possível identificar praticamente nada sobre esta relação. Van Rijn e Tanigoshi (1999) apresentaram resultados equivalentes, segundo os quais os pólenes provenientes de espécies de plantas relacionadas ao nível da família apresentavam geralmente resultados semelhantes quando oferecidos como fonte de alimento a ácaros predadores.

Uma vez que os profissionais do controlo biológico sabem há muito tempo que a escassez de plantas com flor em sistemas agrícolas simplificados pode impedir gravemente a sobrevivência e a reprodução de parasitóides e predadores, os pólenes podem desempenhar um papel importante no campo para manter e aumentar a população de predadores (Broufas e Koveos, 2000). A floração de muitas plantas é utilizada por certos predadores e parasitóides de herbívoros como fonte de alimento de forma notável. O pólen é principalmente uma fonte de compostos azotados com níveis de proteínas que variam entre 2,5% e 60%. Para além das proteínas e dos aminoácidos, o pólen contém geralmente também alguns esteróis, lípidos e hidratos de carbono, principalmente amido (Roulston e Cane, 2000). Este conhecimento do valor nutricional de diferentes pólenes de plantas pode ser de grande importância não só para a criação em massa do ácaro, mas também para uma melhor compreensão da sua dinâmica populacional no campo. O potencial reprodutivo de algumas espécies de fito-seiídeos tem a sua taxa mais elevada no pólen, enquanto que, nalguns casos, os ácaros só por si não são adequados para se desenvolverem, a não ser que estejam presentes alimentos suplementares (Abou-Setta e Childers, 1987; Ferragut et al,. 1987; Zhao e McMurtry, 1990). A produção de néctar/pólen pode mesmo desviar os predadores e parasitóides das plantas vizinhas, que, em consequência, podem sofrer um controlo reduzido dos herbívoros. Noutros casos, os predadores e parasitóides recrutados pela planta produtora de néctar ou de pólen podem alastrar para as plantas vizinhas. Neste último caso, a produção de alimentos pode ser vista como um serviço ecossistémico que aumenta o controlo dos herbívoros (Wackers et al., 2007).

Este ácaro predador N. cucumeris é potencialmente um predador importante dos ácaros da farinha T. putrescentiae e dos pólenes. O consumo frequente de ambas as presas neste período limitado de testes laboratoriais, quando os alimentos foram apresentados em abundância, indicou que estes itens de presa são facilmente aceites por este predador. Além disso, o predador jovem foi especialmente capaz de aceder aos hospedeiros e de os predar; os adultos exibiram esta capacidade em maior grau e, definitivamente, os neonatos também. De um ponto de vista ecológico, estas diferenças de qualidade entre os pólenes podem indicar que, no início da época de cultivo, é de esperar um aumento mais rápido da população do predador nessas culturas. Os pólenes que caem naturalmente das plantas cultivadas, encontrados na própria planta ou, ocasionalmente, na cobertura vegetal do solo, podem aumentar a disponibilidade de pólen e ter um efeito direto na dinâmica populacional da fauna de ácaros predadores. Além disso, como o milho produz grandes quantidades de pólen, podemos facilmente recolher grandes quantidades deste pólen e depois espalhá-lo noutras culturas para aumentar a atração e a disponibilidade de alimento para o predador. O estudo da ecologia nutricional dos predadores de fitoseídeos é de fundamental importância para a sua conservação e aumento como inimigos naturais das pragas. No entanto, são necessárias mais experiências de campo para corroborar os nossos resultados laboratoriais e avaliar plenamente estes pólenes para aumentar e manter a população de predadores. Para uma implicação realista, o conhecimento da rentabilidade de diferentes pólenes pode ser utilizado para otimizar os sistemas de criação de predadores fitosseiídeos. Os ácaros fitoseiídeos generalistas mantidos em laboratório alimentam-se mais frequentemente de pólen do substrato. O nosso estudo confirma que estes pólenes estão entre as melhores fontes de alimento, mas alguns deles são produzidos em quantidades relativamente baixas e a sua recolha é bastante trabalhosa. No entanto, as inflorescências da planta do milho contêm muito mais pólen, o que pode reduzir consideravelmente os custos de mão de obra, e o seu pólen é capaz de manter a sua qualidade como fonte de alimento durante muitos dias. De facto, o pólen do milho é uma fonte de alimento simples, eficaz, armazenável e fácil de recolher para N. cucumeris, o que pode tornar esta espécie mais eficaz do que as outras em condições de campo.

B. Libertação no terreno de ácaros predadores

Estes estudos foram iniciados com as possibilidades de libertação de ácaros predadores em culturas protegidas e de campo para a gestão de pragas.

I. Libertação de ácaros predadores em estufa

1. Avaliação de quatro predadores de ácaros (Acari: Phytosiidae) libertados para a supressão de ácaros que infestam culturas protegidas de pimento doce (Capsicum annuum L.)

O pimentão (Capsicum annuum L.), um vegetal com potencial económico, está a ganhar popularidade. Mas o tamanho e a produtividade dos seus frutos são muito fracos devido às flutuações de temperatura e ao ataque de pragas, como os ácaros, em condições de campo e de estufa. Este estudo examinou a eficácia de 4 predadores de ácaros, tais como Neoseiulus pseudolongispinosus (Xin, Liang & Ke), Euseius castaneae (Wang & Xu), Euseius utilis (Liang & Ke) e Euseius finlandicus (Oudemans) (Phytosiidae), libertados para a supressão do ácaro Tetranychus cinnabarinus (Boisduval) que infesta o pimento doce (Capsicum annuum L.) em estufa. Plantas de pimentão com 4 semanas de idade foram inoculadas com 15 predadores por planta e misturadas com um suporte de farelo, agitando suavemente o conteúdo do recipiente sobre a parte superior da cultura. As "populações" de predadores e presas foram avaliadas semanalmente durante 7 semanas após a libertação inicial do predador. Todas as semanas, um total de 9 folhas por réplica foram escolhidas aleatoriamente de cada tratamento experimental, e o número de pragas foi contado. Em geral, devido aos efeitos combinados das 4 espécies de predadores, os números de densidade de T. cinnabarinus diferiram significativamente em 3 repetições, conforme observado nos blocos tratados e não tratados. Entre todos os tratamentos testados, os predadores de ácaros N. pseudolongispinosus, E. utilis e E. castaneae mostraram-se mais eficientes do que E. finlandicus no interior das plantas libertadas, em comparação com o tratamento de controlo, onde não foram libertados predadores. Após e antes da libertação dos predadores de ácaros, foram monitorizadas as seguintes densidades populacionais de T. *cinnabarinus* na cultura do pimentão.

Espectro de pragas em pimentos doces

Na segunda semana de abril, antes da libertação dos predadores, o número de *T. cinnabarinus* em todas as réplicas a tratar não variou significativamente, mas apresentou um nível global de zero a 0,01 por folha (F= 0,750; df= 4; P= 0,580) (Quadro 11). Contudo, após a libertação dos predadores, o número de *T. cinnabarinus* foi inferior nas zonas de biocontrolo do que na zona de controlo (F= 2,260; df= 4; P= 0,061). Os números de *T. cinnabarinus* nas áreas tratadas diminuíram para 0,82 e 0,87 por folha nas áreas tratadas com *N. pseudolongispinosus* e *E. utilis*, respetivamente. Nas áreas de biocontrolo onde *E. castaneae* e *E. finlandicus* foram libertados, o número de *T. cinnabarinus aumentou* para 0,94 e 1,02/folha, respetivamente, em oito semanas. A população de *T. cinnabarinus* não foi controlada na zona não libertada, uma vez que a praga permaneceu significativamente mais elevada (1,42 por folha) do que nas zonas de biocontrolo. No seu conjunto, os resultados (Fig. 1) revelaram que a densidade populacional de *T. cinnabarinus* monitorizada semanalmente após a libertação dos predadores permaneceu nula até meados de maio em todos os tratamentos. Na última semana de maio, e nas semanas 1st e 2nd de junho, a população de *T. cinnabarinus* foi de 0,78, 1,59 e 3,37 por folha, respetivamente, nas plantas tratadas com *N. pseudolongispinosus*. Durante as mesmas semanas de maio e junho, a tendência da população manteve-se em 0,85, 1,33 e 4,37 por folha, respetivamente, na cultura onde *E. castaneae* foi libertada. A população da praga manteve-se em 0,67, 1,56 e 3,85 por folha, respetivamente, durante a última semana de maio, e 1st e 2nd semanas de junho após a libertação de E. utilis. De um modo geral, entre as datas de observação, T. cinnabarinus apresentou uma população máxima (2,67 e 3,26 por folha, respetivamente) durante a 1st e a 2nd semanas de junho, enquanto que a população mínima ocorreu durante a 2nd e a 4th semanas de maio (0,04 e 1,19 por folha, respetivamente) após o tratamento com E. *finlandicus*. A comparação da população da praga em todas as datas de amostragem revelou que as parcelas tratadas apresentaram um nível zero de população líquida de abril a meados de maio. Os números da praga aumentaram continuamente com o passar do tempo, com um pico no final de maio (1,11 por folha) e no início de junho (2,93-5,89 ácaros por folha).

Tabela 11. Números médios globais de ácaros observados nos tratamentos com e sem libertação no início ("Inicial") e no fim ("Final") da experiência.

Treatments		Spider mite pre treatment/ leaf	Spider mite post treatment/ leaf
T^1=	*N. pseudolongispinosus*	0.01 ± 0.01 a	0.82 ± 0.12 a
T^2= *E. castaneae*		0.00 ± 0.00 a	0.94 ± 0.15 a
T^3= *E. utilis*		0.01 ± 0.01 a	0.87 ± 0.15 a
T^4= *E. finlandicus*		0.00 ± 0.00 a	1.02 ± 0.14 ab

| T^5= Check | 0.00 ± 0.00 a | 1.42 ± 0.20 b |

Valores semelhantes a p > 0,05 indicam que as médias não são significativamente diferentes. Todos os predadores tiveram um efeito negativo considerável na população de *T. cinnabarinus*. Os resultados mostraram um bom estabelecimento dos ácaros predadores em todos os tratamentos, em geral, *N. pseudolongispinosus, E. utilis* e *E. castaneae* foram os predadores mais eficientes e consistentes no controlo de T. cinnabarinus do que E. *finlandicus*. O número de pragas após a libertação dos predadores variou de 0,67 a 1,19 por folha em áreas tratadas e não tratadas no final de maio. Os números médios de *T. cinnabarinus* reduziram-se de 1,33 a 2,93 por folha durante a 1st semana de junho após a introdução dos predadores em todos os tratamentos. Em contrapartida, o seu número aumentou no campo experimental de biocontrolo e de controlo, variando de 3,26 a 5,89 por folha durante a 2nd semana de junho (Quadro 13).

Figura 1. Frequência populacional de *T. cinnabarinus* encontrada no dossel de cultura protegida de pimentão.

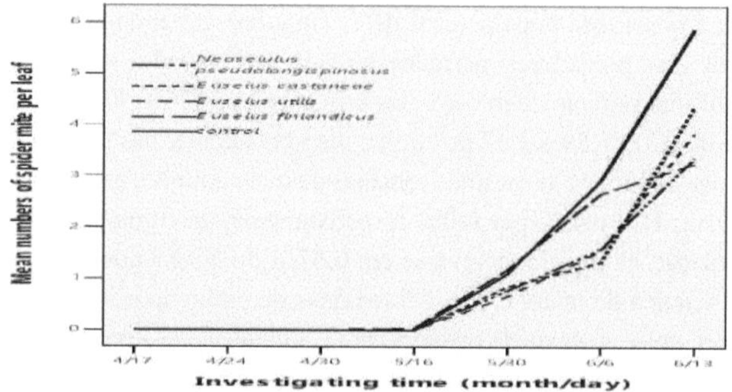

Distribuição de ácaros pragas e predadores no pimento

As percentagens da distribuição da população de ácaros para todo o período de tempo são apresentadas no Quadro 12, representando o topo, o meio e a base da copa das plantas de onde as amostras foram recolhidas. Os dados mostraram que o número de contagens totais da população nos três locais de amostragem nas plantas não foi significativo.

Quadro 12. Distribuição relativa do ácaro da aranha no pimentão em diferentes níveis de planta.

Treatment	Top canopy	Middle canopy	Bottom canopy
T^1= *N. pseudolongispinosus*	1.05 ± 0.243	0.73 ± 0.216	0.68 ± 0.189
T^2= *E. castaneae*	0.73 ± 0.195	1.11 ± 0.302	0.68 ± 0.189
T^3= *E. utilis*	0.94 ± 0.256	0.90 ± 0.290	0.97 ± 0.292
T^4= *E. finlandicus*	1.22 ± 0.292	0.98 ± 0.263	0.76 ± 0.267
T^5= Check	1.57 ± 0.364	1.22 ± 0.329	0.86 ± 0.201

Quadro 13. Abundância de ácaros em pimentos doces sob o efeito de diferentes espécies de

ácaros predadores.

Time	Mite	Number of spider mites per leaf	Top		Middle		Bottom	
			Number	Percentage	Number	Percentage	Number	Percentage
June, 13	*Np*	3.37±0.55 a[1]	4.22±0.94 a[2]	49.06±10.20 a	2.67±1.13 a	21.02±6.84 b	3.22±0.76 a	29.92±5.89 ab
	Ec	4.37±0.69 ab	2.67±0.90 a	20.47±6.14 a	5.33±1.31 a	41.52±5.72 a	5.11±1.26 a	38.01±8.63 a
	Eu	3.85±0.75 a	3.67±1.21 a	38.66±9.70 a	4.44±1.34 a	38.79±6.34 a	3.44±1.44 a	22.54±6.21 a
	Ef	3.26±0.58 a	3.33±0.99 a	36.99±10.26 a	4.00±1.23 a	35.82±9.92 a	2.44±0.80 a	27.19±10.06 a
	Ck	5.89±0.80 b	5.89±1.48 a	29.66±6.20 a	4.89±1.58 a	23.58±8.57 a	6.89±1.15 a	46.75±9.52 a
June, 6	*Np*	1.59±0.27 a	1.33±0.44 a	30.82±10.79 a	2.11±0.48 a	45.02±10.41 a	1.33±0.47 a	24.27±8.94 a
	Ec	1.33±0.27 a	0.56±0.34 a	9.39±5.20 a	1.78±0.49 a	41.61±8.45 b	1.67±0.50 a	48.99±10.37 b
	Eu	1.56±0.39 a	1.33±0.65 a	18.43±8.22 a	1.67±0.74 a	30.00±12.10 a	1.67±0.67 a	40.46±15.48 a
	Ef	2.67±0.51 b	3.22±1.31 a	28.11±7.97 a	2.22±0.62 a	28.86±7.90 a	2.56±0.60 a	43.04±12.80 a
	Ck	2.93±0.44 b	3.11±0.90 a	31.52±7.70 a	3.00±0.67 a	44.00±11.23 a	2.67±0.80 a	24.47±5.49 a
May, 30	*Np*	0.78±0.22 a	1.78±0.49 a	79.00±11.15 a	0.33±0.17 b	7.78±4.15 b	0.22±0.15 b	13.33±11.10 b
	Ec	0.85±0.23 a	1.89±0.48 a	73.15±11.10 a	0.67±0.24 b	26.85±1.1 b	0.00±0.00 b	0.00±0.0 b
	Eu	0.67±0.21 a	1.56±0.48 a	79.93±11.82 a	0.22±0.15 b	7.41±5.63 b	0.22±0.22 b	5.56±5.56 b
	Ef	1.19±0.20 a	2.00±0.24 a	63.89±7.54 a	0.56±0.24 b	15.56±7.09 b	1.00±0.37 b	15.56±6.43 b
	Ck	1.11±0.26 a	2.00±0.55 a	59.44±11.74 a	0.67±0.29 a	20.19±8.74 b	0.67±0.33 a	20.37±9.22 b

Np: Neoseiulus pseudolongispinosus, Ec: Euseius castaneae, Eu: Euseius utilis, Ef: Euseius finlandicus, Ck: Check.

[1] As médias dentro da coluna do número de ácaros por folha seguidas de letras diferentes indicam uma diferença significativa entre os diferentes tratamentos;[2] as médias dentro de uma linha (exceto os dados do número de ácaros por folha) seguidas de letras diferentes em minúsculas indicam uma diferença significativa do número ou das percentagens em diferentes níveis.

Quando os ácaros predadores foram libertados preventivamente nas plantas de pimento doce, o seu estabelecimento foi bem sucedido na estabilização da população de ácaros praga a um nível mais baixo, enquanto que os tripes e a mosca branca quase não foram encontrados durante a estação de crescimento. Os predadores reduziram a densidade de T. cinnabarinus nas nossas experiências, embora a dinâmica que criaram não tenha diferido significativamente entre tratamentos. No entanto, os impactos dos predadores na densidade de T. cinnabarinus foram aditivos.

Quando os predadores foram libertados às mesmas taxas, E. finlandicus exerceu uma supressão ligeiramente mais fraca do crescimento da população de T. cinnabarinus; em contrapartida, os predadores N. *pseudolongispinosus, E. utilis* e E. *castaneae* causaram uma diminuição média imediata e mais elevada do número de pragas que se manteve constante ao longo das experiências.

Quando todos os inimigos naturais estavam presentes nas áreas tratadas, a dinâmica populacional de *T. cinnabarinus reflectiu a* sua redução devido aos impactos dos inimigos naturais; mas a sua densidade atingiu um pico na área não tratada.

Além disso, no presente estudo, *Amblyseius pseudolongispinosus* [*Neoseiulus pseudolongispinosus*], *E. utilis* e E. *castaneae* em pimentão foram eficientes em comparação com outra espécie *E. finlandicus* no que diz respeito ao seu desempenho como agentes de controlo biológico de *T. cinnabarinus*. Além disso, quando os predadores foram libertados em números iguais na estufa, o estabelecimento destas espécies na planta de pimentão foi melhor do que o estabelecimento de *E. finlandicus*.

A partir dos resultados examinados, parece que se obtêm melhores resultados entre os inimigos naturais dos ácaros, uma vez que surgiram diferenças significativas entre as áreas de biocontrolo e de controlo duas a sete semanas após a sua libertação. Os predadores libertados na fase adequada provaram ser um forte inimigo natural para o controlo de ácaros na cultura testada.

À semelhança dos resultados actuais, a eficiência dos ácaros predadores no controlo de ácaros após uma única libertação foi relatada por trabalhadores anteriores. Os ácaros predadores, como as espécies *Euseius,* foram reconhecidos como predadores muito importantes na regulação dos ácaros fitófagos e outras pragas (McMurtry *et al.,* 1992). Os ácaros predadores são frequentemente libertados no campo para controlar pragas fitófagas, por exemplo, as suas libertações foram feitas em culturas e Euseius tularensis Congdon foi libertado para controlar tripes de citrinos (Grafton-Cardwell, 1995).

As observações relativas à distribuição de T. cinnabarinus nas plantas de pimento após a libertação dos ácaros predadores mostraram que se estabeleceu principalmente na folha superior do que nas folhas centrais e inferiores. Verificou-se que os ácaros Phytoseiidae se localizavam principalmente na copa média e inferior do que na parte superior da planta. A justificação viável para esta análise pode ser que T. cinnabarinus pode ter uma alimentação negligenciável na copa média e inferior em comparação com os tecidos apicais, pelo que, naturalmente, o ácaro foi menos registado na copa superior da planta. Além disso, o ácaro T. cinnabarinus pode estar sujeito a predação por outros insectos predadores, como as espécies de antocorídeos Orius, que também povoam o pimenteiro, e, devido à predação ovoide por este artrópode, o ácaro permaneceu ativo na copa superior.

Interpretações inter-relacionadas foram relatadas por Wittmann e Leather (1997) que, quando Orius laevigatus foi libertado antes, o ácaro N. cucumeris foi encontrado principalmente nas folhas do meio e inferiores, pois estava sujeito à predação por O. laevigatus. Urbaneja et al., (2003) detalharam que quando o inseto predador O. laevigatus foi libertado numa estufa de pimento doce depois de N. cucumeris se ter estabelecido, N. cucumeris permaneceu dominante durante um mês e depois diminuiu drasticamente, sendo substituído pelo antocorídeo.

Foi claramente demonstrado que as espécies de Orius se reúnem em flores de pimentão em estufas e no campo (Hansen et al., 2003). Weintraub et al., (2004) relataram a distribuição de N. cucumeris que foi encontrada significativamente mais em folhas no meio e na base das plantas a todas as horas em comparação com as folhas superiores, o que não é semelhante à distribuição do ácaro-aranha. Talvez certos factores bióticos (pólen) e abióticos (temperatura, humidade) dos três níveis da planta possam ser responsáveis por esta distribuição. Contrariamente a esta hipótese, Weintraub et al., (2007) determinaram que, embora a temperatura e a humidade variassem do nível superior para o inferior das plantas, aparentemente nem estes factores nem a presença de pólen fora das flores influenciaram a distribuição dos ácaros. No entanto, verificou-se que N. cucumeris era negativamente fototrópico, o que causou apenas uma mudança temporária e não significativa na sua distribuição. Acredita-se que a luz pode ser a caraterística mais importante que fez com que os ácaros predadores fossem mais frequentes nas folhas médias e inferiores da planta do que longe da parte superior. Assim, para evitar os ácaros predadores, o ácaro-aranha permaneceu ativo na copa apical da planta.

Estes resultados são consistentes com os de Ramakers (1988), segundo o qual a dinâmica populacional de dois ácaros fitoseídeos predadores, como potenciais agentes de controlo biológico investigados em pimentos doces, teve efeitos adversos aparentes na população de predadores, em que Amblyseius cucumeris [Neoseiulus cucumeris] se estabeleceu mais facilmente e atingiu densidades populacionais mais elevadas do que A. mckenziei, mas A. mckenziei acabou por ser substituído por N. cucumeris.

No entanto, é necessário realizar mais investigação para elucidar mais claramente os efeitos destes factores bióticos e abióticos sobre o movimento dos ácaros predadores e dos ácaros nocivos e os seus efeitos no controlo biológico. Os resultados destes estudos terão benefícios directos para estudos futuros.

Com base nas experiências aqui apresentadas, é difícil apontar uma classe de inimigos naturais como o agente de controlo biológico mais eficaz. Mas este estudo é um bom augúrio para o potencial dos predadores de ácaros para estabelecerem a sua população nas culturas e, atualmente, há uma esperança considerável nesse sentido. Espera-se que haja mais progressos nas técnicas de produção e utilização em massa destes predadores para a sua manipulação adequada em programas de biocontrolo. Para aumentar o número de inimigos naturais, é necessário libertar repetidamente um grande número de inimigos naturais para obter um efeito de controlo significativo.

A partir da avaliação do potencial dos ácaros predadores com base no controlo eficaz de T. cinnabarinus, é evidente que os muitos avistamentos positivos indicam que os predadores podem sobreviver e reduzir a população de T. cinnabarinus durante os meses críticos da produção agrícola.

Para implementar um programa bem sucedido e eficaz de gestão integrada de pragas na produção de pimentos, são necessários vários desenvolvimentos fundamentais, bem como a identificação e integração de práticas de controlo químico e biológico sustentáveis que maximizem o rendimento. Estes resultados sugerem que existe uma grande margem de manobra para o controlo biológico através da fauna de predadores atualmente testada para a cultura protegida de *Capsicum* e que é ainda necessário desenvolver práticas de gestão integrada de pragas de insectos para reduzir a dependência de insecticidas.

2. O potencial de quatro espécies de ácaros (Acari: Phytoseiidae) como predadores de pragas sugadoras em cultura protegida de pepino (Cucumis sativus L.)

Foram realizadas experiências de culturas protegidas para estudar a adequação e a eficácia de espécies de ácaros fitoseídeos como predadores de tripes florais ocidentais *F. occidentalis*, ácaros *T. cinnabarinus* e mosca branca de estufa *Trialeurodes vaporariorum* (Westwood)) em pepino (*Cucumis sativus* L.) em condições de estufa. Neste estudo, os ácaros predadores *N. pseudolongispinosus* (Xin, Liang & Ke), *E. castaneae* (Wang & Xu), *E. utilis* (Liang & Ke) e *E. finlandicus* (Oudemans) foram investigados quanto ao seu potencial como agentes de controlo biológico em parcelas tratadas e não tratadas, mantidas para comparação. Para avaliar o potencial de biocontrolo dos predadores nas parcelas de tratamento e de controlo, as populações de pragas foram examinadas em plantas seleccionadas ao acaso em cada tratamento. Os resultados actuais mostraram que os instares adultos e ninfais de todos os predadores criados em laboratório, em condições de estufa, atacaram eficazmente as pragas de artrópodes sugadores e as suas populações foram significativamente reduzidas.

Tripes (Frankliniella occidentalis)

Os dados apresentados no quadro 14 dizem respeito à população de ninfas e ao número de adultos de tripes. Antes do tratamento, foram registadas diferenças insignificantes entre 0,00 e 0,11 números de ninfas e adultos por folha em cada parcela. Após os tratamentos, as densidades de tripes eram bastante evidentes e foram observadas diferenças significativas entre os tratamentos. As parcelas não tratadas apresentavam um número significativamente maior de populações de tripes por folha em comparação com os tratamentos tratados. As diferenças entre os tratamentos com predadores não foram significativas para as populações médias de ninfas e adultos de tripes nas parcelas tratadas com N. pseudolongispinosus, E. castaneae, E. utilis e E. finlandicus (Quadro 14 e Fig. 2).

Figura 2. Efeitos dos predadores no desenvolvimento do número médio de tripes por folha.

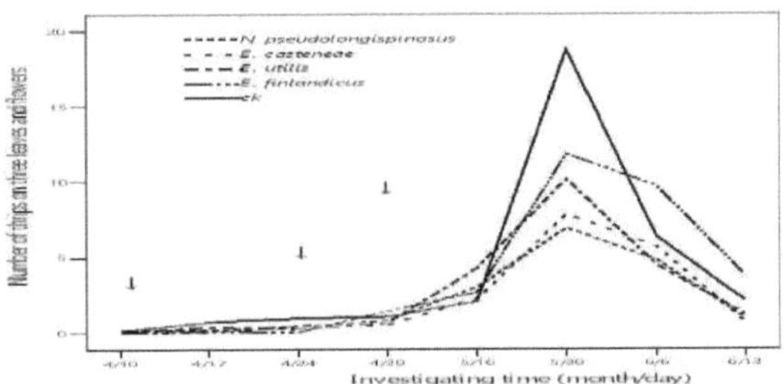

A figura mostra o número médio de tripes (larvas e adultos) em três folhas e em todas as flores em diferentes períodos de investigação. As setas indicam o tempo de libertação dos ácaros predadores. A população da praga diminuiu muito depois de 30 de maio, provavelmente devido à aplicação de pesticidas. A praga começou a aparecer na 2nd semana de abril e depois aumentou gradualmente durante a 4th semana (F= 0,783; df= 175; P= 0,537). As populações líquidas de tripes por folha observadas durante meados da semana de maio começaram a aumentar a uma taxa mais elevada (F= 1,742; df= 175; P= 0,143) e atingiram o seu pico no final de maio (F= 4,488; df= 175; P= 0,002) em parcelas tratadas versus parcelas não libertadas.

Table 14. Densidades de tripes em várias datas de observação após a libertação de fitoseídeos predadores.

Treatments		Numbers of Thrips per leaf during different time		
		April, 30	May, 16	May, 30
$T^1=$	N.	0.81 ± 0.31	3.03 ± 0.79	6.92 ± 1.22
pseudolongispinosus				
$T^2=$ E. castaneae		0.53 ± 0.12	2.22 ± 0.60	7.83 ± 1.59
$T^3=$ E. utilis		0.64 ± 0.21	4.25 ± 0.74	10.14 ± 1.58
$T^4=$ E. finlandicus		1.42 ± 0.73	2.67 ± 0.60	11.81 ± 2.51
$T^5=$ Check		1.06 ± 0.31	2.06 ± 0.52	18.78 ± 3.43

As médias com letras semelhantes não são significativamente diferentes pelo teste DMR (P= 0,05)

Mosca branca (Trialeurodes vaporariorum)

Antes da libertação dos ácaros predadores, a infestação de mosca branca variava, em média, entre 0,00 e 0,03 por folha. Os números médios sazonais da mosca branca variaram em diferentes datas de amostragem entre as parcelas de ensaio e de controlo (Quadro 15 e Fig. 3). Após a libertação do predador, foram registadas diferenças significativas em relação à mosca branca nas parcelas não tratadas e tratadas, onde a população variou de 0,11 a 7,22 por folha. Os resultados revelaram que os tratamentos com o predador E. finlandicus e E. utilis diferiram de forma não significativa na retenção da população da praga no final de maio (F= 0,650; df= 130; P= 0,628), enquanto que a densidade da praga foi máxima no início de junho (F= 1,845; df= 130; P= 0,124). O número mínimo de moscas brancas que apareceram nas folhas foi observado nas parcelas tratadas com N. pseudolongispinosus, seguido de E. castaneae e do controlo.

Figura 3. Efeitos dos predadores no número médio de mosca branca em pepino de estufa.

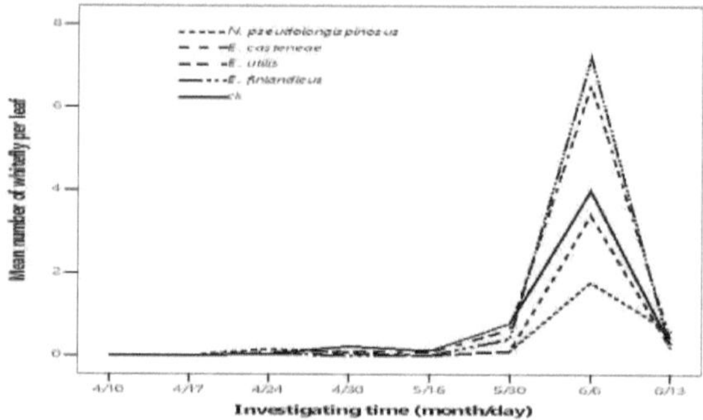

Table 15. Número médio de mosca branca por folha em diferentes datas de amostragem nas parcelas de controlo e de ensaio.

Treatments		Numbers of whitefly per leaf during different times	
		May, 30	June, 6
T^1=	N.	0.11 ± 0.06	1.78 ± 0.85
pseudolongispinosus			
T^2= E. castaneae		0.11 ± 0.06	3.41 ± 1.52
T^3= E. utilis		0.63 ± 0.03	6.56 ± 1.58
T^4= E. finlandicus		0.41 ± 0.03	7.22 ± 2.59
T^5= Check		0.78 ± 0.06	4.00 ± 1.25

Os valores seguidos pela mesma letra ao longo da linha não são estatisticamente significativos pelo DMRT.

Ácaro da aranha (Tetranychus cinnabarinus)

O número de ácaros foi significativamente maior nas parcelas não tratadas em comparação com as parcelas tratadas; no entanto, o número não foi significativamente diferente do das parcelas tratadas (Fig. 4). Os impactos de E. finlandicus e E. castaneae na supressão do ácaro-aranha foram mais severos e a redução foi maior do que a observada nos tratamentos com E. utilis e N. pseudolongispinosus. A comparação da população da praga em todas as datas de amostragem revelou que, após a libertação dos predadores, o ácaro da aranha começou a aparecer no final de abril. Nas plantas tratadas, a praga tornou-se visível em meados de maio (F= 2,091; df= 130; P= 0,086), aumentou durante a última semana (F= 2,250; df= 130; P= 0,067), atingiu o pico no início de junho (F= 8,906; df= 130; P= 0,000) e depois diminuiu (Quadro 16).

Figura 4. Avaliações da população de ácaros após aplicações de predadores de ácaros em comparação com controlos.

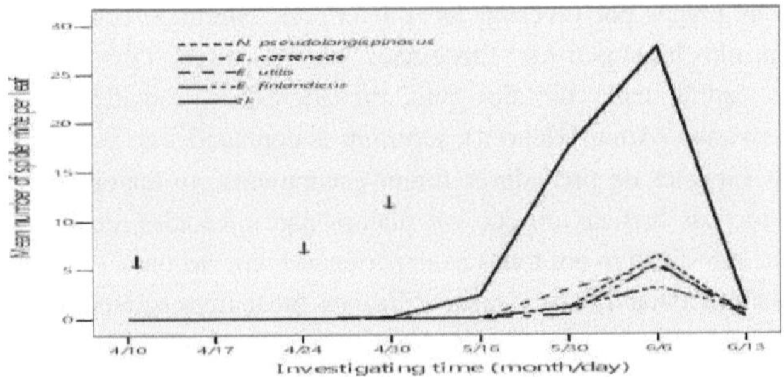

Quadro 16. Comparação dos tratamentos com a testemunha (sem libertação de predadores) para o controlo do ácaro-rajado.

Treatments		Numbers of spider mite per leaf during different time		
		May, 16	May, 30	June, 6
$T^1=$	$N.$	0.04 ± 0.03	1.07 ± 0.66	6.37 ± 1.44
$pseudolongispinosus$				
$T^2= E.\ castaneae$		0.00 ± 0.00	0.37 ± 0.15	5.48 ± 1.41
$T^3= E.\ utilis$		0.04 ± 0.03	2.93 ± 1.30	5.22 ± 1.11
$T^4= E.\ finlandicus$		0.07 ± 0.05	1.07 ± 0.69	3.15 ± 0.71
$T^5= $ Check		2.33 ± 1.58	4.55 ± 2.18	27.70 ± 7.24

Os valores seguidos de letras diferentes são estatisticamente significativos pelo DMRT (P= 0,05)

Os resultados atuais mostraram o potencial dos predadores fitossiídeos para o controle das pragas sugadoras do pepino. Todos os tratamentos foram diferentes do controlo para manter a população de pragas no final da experimentação (p < 0,05). Além disso, em geral, entre estes predadores, N. pseudolongispinosus foi o predador mais proficiente e constante no controlo das populações de tripes e mosca branca, ao contrário de E. finlandicus, que se revelou melhor no controlo do ácaro da aranha, embora estes predadores tenham produzido efeitos de controlo global não significativos. Alguns factores potencialmente importantes que poderiam ter impedido o insucesso das libertações de ácaros predadores Euseius podem ser: as libertações podem ter afetado negativamente a viabilidade dos ácaros predadores, os ácaros predadores criados em laboratório podem ter sido afectados negativamente pela transição para as condições de estufa, as taxas de libertação podem ter sido demasiado baixas, a própria planta do pepino pode não ser propícia à persistência dos ácaros predadores e as interacções com insectos predadores naturais podem ter afetado negativamente o seu estabelecimento. É necessária mais investigação para determinar quais os factores limitantes mais importantes para impedir que este predador tenha um melhor desempenho em culturas de pepino protegidas. Estas observações estão parcialmente em conformidade com a investigação realizada anteriormente, em que os ácaros da família Phytoseiidae foram utilizados com êxito para o controlo de pragas por investigadores anteriores. Nomikou et al., (2003) avaliaram agentes de controlo biológico de fitoseídeos para Bemisia tabaci (Gennadius). Em experiências de estufa, cada um dos dois predadores, E. scutalis (Athias-Henriot) e Typhlodromips swirskii (Athias-Henriot), suprimiu as populações de B. tabaci em plantas de pepino. As duas espécies de predadores foram encontradas em maior número em plantas infestadas com moscas brancas do que em plantas não infestadas, mas esta diferença foi consistentemente significativa em todas as experiências, apenas para T. swirskii. Watanabe et al., (1994) testaram a viabilidade técnica utilizando fitoseídeos para controlar T. urticae no pepino, apenas a espécie Amblyseius se estabeleceu com sucesso no pepino, reduzindo significativamente a população de T. urticae. A libertação do ácaro predador P. macropilis em pepino indicou a possibilidade de controlar T. urticae nas estufas, aplicando apenas uma libertação no início da estação em pepino, quando a população da praga era baixa (Mowafi, 2005). semelhança da presente observação, Messelink et al. (2006), ao avaliarem espécies de ácaros predadores de fitoseídeos para o controlo de F. occidentalis em pepino de estufa, verificaram que E. finlandicus não se estabeleceu melhor do que outras espécies para controlar melhor os tripes. Uma vez que nenhum predador isolado foi totalmente eficaz no controlo de todas estas pragas primárias, é necessária a sua integração no biocontrolo. A deteção precoce de pragas na estufa é imperativa porque infestações moderadas podem causar a murchidão das plantas de pepino e seria necessária a libertação imediata destes predadores para afetar um nível significativo de gestão, proporcionando assim aos produtores uma tática de controlo para além da utilização de produtos químicos e de variedades resistentes. Pretende-se realizar mais estudos para determinar o momento exato da libertação dos predadores e desenvolver um método barato para a sua criação, a fim de minimizar os danos causados pelas pragas à cultura do pepino.

II. Libertação em campo aberto de ácaros predadores

O algodão é uma das principais culturas comerciais cultivadas pela sua valiosa fibra, que é altamente suscetível a pragas de artrópodes, pelo que foram iniciados estudos sobre esta planta hospedeira.

1. Uma comparação para avaliar a abundância de ácaros predadores e fitófagos (Acarina: Phytoseiidae) em culturas de algodão Bt e não Bt

Das mais de 130 espécies de ácaros conhecidas na China, Tetranychus cinnabarinus (Boisduval) é a principal praga das culturas agrícolas. Este ácaro desenvolveu resistência a pelo menos 25 pesticidas na China (Guo et al., 1998). Durante muitos anos, o controlo deste ácaro na China tem-se baseado tradicionalmente em pulverizações de pesticidas. Desde a década de 1980, o nível de resistência aos pesticidas em T. cinnabarinus tem aumentado rapidamente (Wu et al., 1990). Isto levou a uma mudança na direção da investigação sobre o controlo das pragas das culturas para a gestão integrada das pragas, incluindo o desenvolvimento e a utilização de variedades de culturas resistentes. Consequentemente, este estudo descreve uma comparação da resistência ao ácaro do carmim em três variedades de algodão transgénicas e três convencionais. Para que os insectos benéficos (predadores e parasitóides) sejam utilizados eficazmente em cenários de controlo de pragas, é frequentemente necessário dispor de informações fundamentais e mais aplicadas sobre eles, incluindo dados sobre a dinâmica das populações. Além disso, a base da resistência do algodão aos ácaros poderia ser explorada para criar cultivares de algodão resistentes através da hibridação, a fim de reduzir a utilização de pesticidas.

Três variedades transgénicas de algodão Bt (GK-12, Lu-23 e SGK-321) e variedades convencionais de algodão não Bt (Zhong-12, Shiyuan-321 e Simian-3) foram utilizadas para avaliar a abundância de ácaros predadores e fitófagos na Estação Experimental de Lang fang para Pragas de Culturas, Academia Chinesa de Ciências Agrícolas, durante o verão de 2007. Para estudar a preferência dos ácaros em diferentes genótipos de algodão, todas as variedades foram cultivadas em condições de campo. A praga visada foi o ácaro carmim, Tetranychus cinnabarinus (Boisduval) e o seu predador fitossiídeo Neoseiulus cucumeris (Oudemans). A cultura foi semeada com uma distância entre linhas de 0,75 m e a distância entre plantas foi mantida em 0,30 m. Foram aplicados pesticidas para controlar as pragas quando os limiares económicos foram ultrapassados em ambos os tipos de algodão. Não foi aplicado nenhum acaricida como medida de proteção das plantas durante toda a estação. As sementes de algodão foram semeadas segundo as práticas agronómicas habituais. Como os predadores encontram frequentemente herbívoros nas plantas, a topografia das superfícies das plantas pode influenciar as interacções entre herbívoros e inimigos naturais. Por conseguinte, foi realizado um estudo adicional para determinar o papel de alguns factores morfológicos das plantas na resistência contra T. cinnabarinus e N. cucumeris, abrangendo duas categorias de algodão: transgénico e não transgénico.

O estudo observou diferenças entre as variedades de algodão no que diz respeito ao alojamento de populações do ácaro da aranha carmim, T. cinnabarinus, e do ácaro predador N. cucumeris. Os resultados revelaram que as variedades de algodão GK-12 e Lu-23 (Bt), e Zhong-12 e Simian-3 (Não-Bt) pareciam mais favoráveis a T. cinnabarinus, enquanto que SGK-321 (Bt) e Shiyuan-321 (Não-Bt) mostraram claramente uma suscetibilidade reduzida à praga, mas eficientes na retenção de populações de N. *cucumeris*. A infestação de ácaros predadores e fitófagos no cultivo de algodão Bt e não-Bt iniciou-se durante a fase de plântula e atingiu o pico durante o período de formação da cápsula. As várias características morfológicas da planta, como pilosidade das folhas, espessura da lâmina foliar e altura da planta, diferiram de forma altamente significativa entre as várias variedades de algodão.

A população sazonal média em diferentes variedades de algodão Bt mostrou que GK-12 e Lu-23 foram preferidas para a reprodução de *T. cinnabarinus* devido às suas populações máximas (F= 25,125; df= 6; P= 0,001), enquanto que o número mínimo registado para *N. cucumeris* (2,29 e 0,37; 1,92 e 0,40 ácaros/planta, respetivamente) (F= 10,042; df= 6; P= 0,012). Por outro lado, as populações médias mínimas de *T. cinnabarinus* e máximas de *N. cucumeris* foram registadas na SGK-321 (1,11 e 0,96 ácaros/planta, respetivamente) do que nas outras variedades. De facto, a pilosidade da folha (22,00 e 19,00/ 0,25 mm^2), a espessura da lâmina foliar (200,00 e 197,00 inn) e a altura da planta (146,66 e 129,66 cm) foram maiores nas variedades GK-12 e Lu-23, o que não foi o caso da SGK-321 (pilosidade da folha 13,00/ 0,25 mm^2 , espessura da lâmina foliar 188,00 inn e altura da planta 106,66 cm). Por outro lado, o outro traço morfológico largura do caule mostrou uma relação não significativa com as populações de T. cinnabarinus e N. cucumeris que variou de 2,59 a 2,91 mm nas variedades testadas. Assim, GK-12 e Lu-23 apresentaram maior densidade de tricomas na superfície inferior da folha, espessura da lâmina foliar e altura da planta do que SGK-321, portanto, menor preferência para oviposição em SGK-321 do que relatado em GK-12 e Lu-23 (F= 7,636; df= 6; P= 0,022) (Tabela 17).

Table 17. Características morfológicas de diferentes plantas hospedeiras de algodão Bt.

Cotton Varieties	Morphological characters			
	Leaf hairiness (0.25 mm^2)	Leaf thickness (mμ)	Plant height (cm)	Stem width (mm)
T$_1$= GK-12	22.00 ± 1.15 b	200.00 ± 2.88 b	146.66 ± 3.33 c	2.91 ± 0.32 a
T$_2$= Lu-23	19.00 ± 1.73 b	197.00 ± 1.73 b	129.66 ± 5.36 b	2.86 ± 0.18 a
T$_3$= SGK-321	13.00 ± 1.73 a	188.00 ± 2.30 a	106.66 ± 4.37 a	2.59 ± 0.19 a

As médias nas colunas seguidas de letras diferentes são significativamente diferentes a P < 0,05.

As populações de T. cinnabarinus e N. cucumeris estudadas durante cinco diferentes fases de crescimento do algodoeiro mostraram que as suas taxas foram as mais elevadas durante a formação da cápsula, seguidas pelas fases de florescência, abertura da cápsula, quadratura e plântula, por ordem decrescente. O número máximo de T. cinnabarinus foi registado em GK-12, que não diferiu estatisticamente de Lu-23 em nenhuma das fases de crescimento, mas variou significativamente de SGK-321 durante as fases de florescência (0,77, 0,59 e 0,33/folha), formação da cápsula (0,81, 0,74 e 0,40/folha) e abertura da cápsula (0,37, 0,33 e 0,18/folha). Significativamente, as densidades máximas de N. cucumeris estavam na SGK-321 durante os períodos de crescimento de florescência, formação da cápsula e abertura da cápsula (0,25, 0,33 e 0,29 ácaros/folha, respetivamente) do que nas outras variedades. No entanto, não houve diferenças significativas nas densidades de ácaros predadores entre as variedades GK-12 e Lu-23 desde a plântula até à maturidade da cultura (Quadro 18).

Table 18. Populações de ácaros T. cinnabarinus e N. cucumeris em várias variedades de algodão Bt (Gossypium spp.) durante diferentes fases de crescimento.

Cotton Varieties	Pest and Predatory mites	Crop growth stages					Mean seasona numbers/leaf
		Seedling	Squaring	Florescence	Boll formation	Boll opening	
T$_1$= GK-12	T. cinnabarinus	0.07 ± 0.03 a	0.25 ± 0.03 a	0.77 ± 0.12 b	0.81 ± 0.03 b	0.37 ± 0.03 b	2.29 ± 0.14 b

	N. cucumeris	0.00	0.03 ± 0.03 a	0.07 ± 0.03 a	0.14 ± 0.03 a	0.11 ± 0.00 a	0.37 ± 0.07 a
T₂= Lu-23	*T. cinnabarinus*	0.07 ± 0.03 a	0.18 ± 0.03 a	0.59 ± 0.13 ab	0.74 ± 0.03 b	0.33 ± 0.00 b	1.92 ± 0.13 b
	N. cucumeris	0.00	0.07 ± 0.03 a	0.07 ± 0.03 a	0.14 ± 0.03 a	0.11 ± 0.06 a	0.40 ± 0.14 a
T₃= SGK-321	*T. cinnabarinus*	0.03 ± 0.03 a	0.14 ± 0.03 a	0.33 ± 0.06 a	0.40 ± 0.03 a	0.18 ± 0.03 a	1.11 ± 0.06 a
	N. cucumeris	0.00	0.07 ± 0.03 a	0.25 ± 0.03 b	0.33 ± 0.06 b	0.29 ± 0.03b	0.96 ± 0.07 b

Os mesmos valores a P > 0. A altura da planta por unidade de área mostrou uma relação significativa com a contagem de ácaros. O número sazonal médio mais baixo de população de T. cinnabarinus (0,77/folha) foi registado em Shiyuan-321 (F= 20,371; df= 6; P= 0,002), que tinha estatisticamente o número mais baixo de pêlos foliares (10,00/ 0,25 mm²), espessura da lâmina foliar (216.00 inn) e altura da planta (120,00 cm) seguido por Simian-3 e Zhong-12 com 1,51 e 1,88 ácaro por folha, 17,00 e 23,00 pêlos foliares, 222,33 e 226,66 espessura da lâmina foliar, e 147,00 e 149,00 cm de altura da planta, respetivamente. A população de N. cucumeris foi maior na Shiyuan-321 (0,62) e menor na Zhong-12 (0,25), enquanto a variedade restante Simian-3 indicou um nível mais ou menos semelhante de ocorrência do predador (0,33 por folha) (F= 7,636; df= 6; P= 0,022). Já a caraterística largura do caule apresentou relações não significativas com as populações de pragas e predadores (Tabela 19 e 20).

Table 19. Características morfológicas de diferentes plantas hospedeiras de algodão não-Bt.

Cotton Varieties	Morphological characters			
	Leaf hairiness (0.25 mm²)	Leaf thickness (mμ)	Plant height (cm)	Stem width (mm)
T₁= Zhong- 12	23.00 ± 1.15 b	226.66 ± 1.76 b	149.00 ± 6.35 b	3.35 ± 0.66 a
T₂= Shiyuan- 321	10.00 ± 1.73 a	216.00 ± 0.57 a	120.00 ± 9.01 a	3.07 ± 0.14 a
T₃= Simian- 3	17.00 ± 2.30 b	222.33 ± 1.45 b	147.00 ± 5.29 b	3.09 ± 0.11 a

As médias seguidas de letras diferentes numa mesma linha são significativamente diferentes a P > 0,05 utilizando o teste DMR.

As avaliações de resistência a espécies de ácaros entre plantas de algodão não-Bt em diferentes estágios de crescimento são apresentadas na Tabela 20. Na fase de formação da cápsula, as populações de T. cinnabarinus e N. cucumeris foram muito maiores, variando de 0,29 a 0,70 e 0,11 a 0,22 por folha, respetivamente, entre as diversas variedades de algodão. Apenas a variedade Shiyuan-321 apresentou desempenho significativo na manutenção do número médio de acarinos em comparação com Simian-3 e Zhong-12. Comportamento significativo semelhante, mas em menor grau de níveis de ácaros T. cinnabarinus e N. cucumeris, foi observado com Zhong-12 e Simian-3 nos estágios de florescência (0,51 e 0,07) (0,37 e 0,07) e abertura da cápsula (0,25 e 0,03) (0,22 e 0,03) em comparação com Shiyuan-321 (0,14 e 0,14) (0,07 e 0,18), respetivamente. Curiosamente, as populações de ácaros não diferiram significativamente entre os algodões não-Bt nos estágios de plântula e de quadratura. Isto deve-se ao facto de as plantas hospedeiras diferirem muito nas suas características morfológicas, ou como indicado por Herms e Mattson (1992), e (Tomczyk, 1989), isto pode ser o resultado de variações na composição química básica e nos metabolitos secundários das plantas através de diferentes fases de crescimento.

Table 20. Populações de ácaros T. cinnabarinus e N. cucumeris em várias variedades de algodão não-Bt (Gossypium spp.) durante diferentes fases de crescimento.

Cotton Varieties	Pest and Predatory mites	Crop growth stages					Mean seasonal population per leaf
		Seedling	Squaring	Florescence	Boll formation	Boll opening	
T₁= Zhong-12	T. cinnabarinus	0.1 ± 0.06 a	0.29 ± 0.03 a	0.51 ± 0.09 b	0.70 ± 0.03b	0.25 ± 0.03 b	1.88 ± 0.12 b
	N. cucumeris	0.00	0.03 ± 0.03 a	0.07 ± 0.03 a	0.11 ± 0.00 a	0.03 ± 0.03 a	0.25 ± 0.09 a
T₂= Shiyuan-321	T. cinnabarinus	0.03 ± 0.03 a	0.22 ± 0.06 a	0.14 ± 0.03 a	0.29 ± 0.03a	0.11 ± 0.00 a	0.77 ± 0.06 a
	N. cucumeris	0.00	0.07 ± 0.07 a	0.14 ± 0.03 a	0.22 ± 0.00 b	0.18 ±	0.62 ± 0.03 b

T₃= Simian-3	*T. cinnabari nus*	0.11 ± 0.06 a	0.22 ± 0.06 a	0.37 ± 0.03 b	0.59 ± 0.03b	0.03 b 0.22 ± 0.00 b	1.51 ± 0.14 b
	N. cucumeris	0.00	0.07 ± 0.03 a	0.07 ± 0.03 a	0.14 ± 0.03 a	0.03 ± 0.03 a	0.33 ± 0.06 a

As médias seguidas de letras diferentes numa linha ou numa coluna são significativamente diferentes a P < 0,05, utilizando o teste de intervalo múltiplo de Duncan.

Durante este estudo, as populações médias da estação de T. cinnabarinus (1,77 ± 0,18 e 1,40 ± 0,16) (T= 1,639; df= 8; P= 0,140) e N. cucumeris (0,58 ± 0,10 e 0,40 ± 0,06) (T= 1,257; df= 8; P= 0,244) ácaros por folha foram encontradas entre campos de algodão Bt e campos não-Bt, respetivamente. Resultados paralelos foram obtidos por Ma et al., (2006) que não observaram diferenças significativas nas densidades de ácaros do algodão entre o algodão Bt (SGK-321) e a sua variedade parental (Shiyuan-321). Não se registaram diferenças significativas nas densidades de ácaros entre campos de algodão Bt sem acaricidas e não Bt sem acaricidas. A análise da densidade do predador N. cucumeris mostrou que a sua abundância não foi afetada pelos tipos de algodão, o que revela qualquer impacto negativo do algodão Bt na população de predadores. Não se registaram diferenças significativas nas populações de predadores entre o algodão Bt e o algodão não Bt. As espécies predadoras foram abundantes quando as populações de ácaros eram elevadas, mas diminuíram quando a população de presas diminuiu. Conclui-se que as diferenças entre as variedades de algodão Bt e não Bt tiveram efeitos relativamente menores nas densidades de artrópodes, e que os efeitos dessas diferenças devem ser monitorizados a longo prazo para avaliar se é necessário modificar as práticas de gestão do algodão. Alguns pesquisadores relataram que o algodão Bt e a toxina Bt não tiveram ou tiveram menor impacto sobre predadores (Naranjo, 2005) e parasitóides (Schuler et al., 1999; Liu et al., 2005). Nossos resultados sugerem que Neoseiulus foi um dos ácaros predadores mais freqüentes e estabelecidos no agroecossistema do algodão. Devido à sua abundância, a densidade do ácaro-aranha foi afetada. (2004), num dos quatro campos de algodão, encontraram Neoseiulus fallacis (Garman) (Phytoseiidae) como a espécie dominante. As populações de ácaros predadores aumentaram consistentemente no final da estação. Em todos os quatro campos, as populações de ácaros foram negativamente correlacionadas com o aumento das populações de ácaros predadores, sugerindo que os ácaros predadores naturais podem ter sido parcialmente responsáveis pela diminuição das populações de ácaros. As comparações entre as variedades de algodão Bt e não Bt mostraram, em geral, que o algodão Bt pode oferecer uma vantagem económica nos casos em que o controlo inseticida eficaz de certas pragas de lagartas é difícil de conseguir ou é muito dispendioso.

As várias características morfológicas das plantas, nomeadamente a pilosidade das folhas, a espessura da lâmina foliar e a largura do caule, diferiram significativamente entre as várias variedades de algodão. No que diz respeito à relação entre as populações de ácaros e os traços morfológicos das plantas, os resultados revelaram que a densidade de pêlos na nervura e na lâmina da folha, a espessura da folha e a altura da planta desempenharam um papel significativo nas populações de ácaros. Por outro lado, as outras características morfológicas, como a largura do caule, mostraram uma relação não significativa com a população de ácaros. Assim, os diferentes níveis de suscetibilidade das cultivares de algodão à colonização por ácaros parecem estar relacionados com as características das folhas. Os presentes resultados estão parcialmente de acordo com os de Roda et al. (2001), que afirmaram que as características da superfície da folha, como a pubescência, a domatia (tufos de pêlos, buracos ou bolsas na superfície da folha), as ceras superficiais e as estruturas produzidas por artrópodes (por exemplo, teias de ácaros), demonstraram afetar a predação e a sobrevivência e aptidão dos predadores. A pubescência e as teias podem aumentar a sobrevivência dos predadores, diminuindo a probabilidade de estes serem desalojados da superfície da folha (Juniper, 1986), moderando o microambiente, especialmente a humidade (Grostal e O'Dowd, 1994), e fornecendo proteção contra a predação (Norton et al., 2000).

O mesmo acontece com a população de ácaros predadores, em que a interação dos efeitos positivos e negativos da topografia das folhas na sobrevivência e aptidão dos predadores teve impacto na dinâmica da população de herbívoros. Verificou-se que a abundância e a capacidade dos ácaros fitoseídeos para gerir as populações de pragas varia em diferentes variedades de plantas. Esta variação pode resultar de diferentes tipos e prevalência de estruturas da superfície das plantas (Duso e Vettorazzo, 1999). Vários autores propuseram que as características morfológicas das plantas podem afetar a sobrevivência e o forrageamento dos fitoseídeos. Superfícies lisas e simples, sem complexidade física, podem expor os fitoseídeos a condições abióticas desfavoráveis e a predadores, ao passo que superfícies estruturalmente mais complexas podem proteger os fitoseídeos desses perigos (por exemplo, Norton et al., 2000; Roda et al., 2000). No entanto, as estruturas da superfície também podem inibir o movimento dos fitoseídeos, aumentando assim o tempo de procura e reduzindo os encontros com as presas (Krips et al., 1999). Koller et al., (2007) concluíram que as plantas podem defender-se dos herbívoros através de características morfológicas, características químicas ou uma combinação de ambas. Os herbívoros que superam os mecanismos de defesa de uma planta tendem a especializar-se nessa planta devido a uma maior proteção contra inimigos naturais. Possivelmente, alguns outros factores podem estar envolvidos na resistência investigada. Os possíveis mecanismos de resistência manifestados pelas variedades de algodão resistentes podem dever-se aos seus efeitos no comportamento dos ácaros (antixenose) e na biologia (antibiose). De acordo com alguns trabalhadores, tanto o estado de desenvolvimento e fisiológico dos hospedeiros, como os factores ambientais, podem ter efeitos profundos na suscetibilidade (Tomczyk, 1989). Muitos autores demonstraram que os constituintes bioquímicos das plantas dependem do estado fisiológico da planta. Isto afecta a disponibilidade de nutrientes e a existência de factores anti-insectos nas folhas das plantas (Herms e Mattson, 1992). As plantas hospedeiras podem diferir muito na composição química básica e nos metabolitos secundários das plantas em diferentes fases de crescimento (Herms e Mattson, 1992; Tomczyk, 1989).

A investigação de espécies de ácaros predadores no contexto da avaliação do risco ecológico de plantas transgénicas resistentes a insectos é de particular interesse para a estratégia de controlo biológico. Os dados disponíveis sobre os possíveis efeitos das culturas transgénicas nos agentes de controlo biológico são escassos, pelo que, se e quando essas culturas forem introduzidas no campo, as suas possíveis consequências devem ser cuidadosamente monitorizadas. Um exemplo é a toxina Cry1Ab encontrada em T. urticae colocada no milho Bt, que não teve qualquer efeito sobre os ácaros, mas o pólen destas plantas afectou os parâmetros da história de vida de N. cucumeris. Os presentes resultados são comparáveis com estudos anteriores, numa experiência de alimentação multitrófica, Obrist et al., (2006) avaliaram o impacto do milho Bt no desempenho de N. cucumeris quando lhes foi oferecido T. urticae criado em milho Bt ou não Bt e pólen de milho Bt ou não Bt como fonte de alimento. Não foram encontradas diferenças em nenhum dos parâmetros (mortalidade, tempo de desenvolvimento, taxa de oviposição) quando N. cucumeris foi alimentada com ácaros criados em milho Bt e não Bt. O pólen revelou-se uma fonte de alimento menos adequada para este predador do que o ácaro. Além disso, foram medidos efeitos subtis nas fêmeas de N. cucumeris (9% mais tempo de desenvolvimento e 17% de fecundidade reduzida) quando alimentadas com pólen proveniente de milho Bt em comparação com pólen de milho não Bt. Estes resultados indicam que o ácaro predador N. cucumeris não é sensível à toxina Cry1Ab, uma vez que não foram detectados efeitos quando lhe foram oferecidos ácaros contendo Bt, e que os efeitos encontrados quando alimentado com pólen de milho Bt podem ser atribuídos a diferenças na qualidade nutricional do pólen de milho Bt e não Bt. O presente estudo corrobora os estudos anteriores, uma vez que não houve diferença significativa entre as duas categorias de algodão na detenção da população de predadores; no entanto, as variedades Bt foram as mais eficazes, embora não de forma significativa, e mantiveram a sua eficácia para abrigar números mais elevados de N. cucumeris do que qualquer um dos algodões não Bt. Embora todas as 6 variedades de algodão testadas tenham suportado populações elevadas de ácaros, as informações aqui relatadas, em conjunto com estudos de campo, podem fornecer orientação para a manipulação genética para modificar a morfologia da folha para interromper o comportamento alimentar que facilitaria o desenvolvimento de cultivares resistentes a pragas.

Poderão ser alcançados mais progressos na introgressão da resistência aos ácaros no germoplasma de elite do algodão se se compreender a herança da resistência e os componentes que contribuem para essa resistência.

2. Gestão da infestação de ácaros Tetranychus cinnabarinus (Boisduval) (Acari: Tetranychidae) no algodão através da libertação do ácaro fitoseídeo Neoseiulus pseudolongispinosus (Xin, Liang & Ke) (Acari: Phytosiidae)

Estas experiências foram realizadas durante o verão de 2007 na Estação de Campo do Instituto de Proteção das Plantas, Academia Chinesa de Ciências Agrícolas, Pequim. O controlo biológico de T. cinnabarinus no algodão foi investigado em campos abertos através da libertação do ácaro predador, N. pseudolongispinosus. Os factores testados foram a avaliação da libertação do ácaro predador utilizando diferentes números de plantas de algodão e o tempo de libertação do predador para controlar o ácaro. Antes da libertação dos ácaros predadores, foram recolhidos dados de cada planta e contados os números de ácaros predadores e de ácaros da aranha (fases móveis) em vários folíolos, tendo sido calculados os seus números médios por folha.

i. Supressão do ácaro-rajado Tetranychus cinnabarinus (Boisduval) no algodão com libertações de Neoseiulus pseudolongispinosus (Xin, Liang & Ke) utilizando diferentes números de plantas

Neste ensaio de libertação, a eficiência predatória de N. pseudolongispinosus foi comparada a uma taxa de libertação constante de 5 predadores/planta, utilizando diferentes números de plantas de algodão. Todas as parcelas com libertação de artrópodes predadores foram também avaliadas com controlos sem libertação. As libertações foram efectuadas manualmente, distribuindo o meio de cultura de farelo contendo ácaros predadores em cada uma de 5 plantas seleccionadas aleatoriamente. Para estimar a mobilidade dos ácaros predadores para suprimir a população de Tetranychus no algodão, foram seleccionadas plantas espaçadas entre si, de modo a que cada planta estivesse perto ou tocasse a planta vizinha e que as folhas de cada planta tocassem ambas as plantas vizinhas. O objetivo desta disposição era permitir que os ácaros libertados numa dada planta tivessem acesso a outras plantas, vagueando através das folhas de uma planta para a outra. O desenho experimental do ensaio foi um bloco completo aleatório com cinco repetições. O experimento teve quatro tratamentos e os tratamentos incluíram liberações de N. pseudolongispinosus em intervalos de aproximadamente quinze dias durante a estação de crescimento do algodão: (1) cada planta tratada com ácaro predador, (2) cada segunda planta tratada, (3) cada terceira planta tratada e (4) controle sem liberação de predador. O ácaro predador foi libertado em todos os tratamentos à mesma taxa por planta durante 3 libertações, especialmente no início da infestação. Cada parcela tinha 10 m^2 com uma zona tampão de 2 m entre as parcelas. De acordo com as aplicações dos tratamentos, as recolhas de dados experimentais para analisar a população de artrópodes foram divididas em períodos de pré-tratamento (antes das libertações de ácaros predadores) e pós-tratamento (populações de artrópodes examinadas até ao início da abertura das cápsulas) utilizando a técnica de amostragem de folhas. Os dados relativos ao controlo tratado e não tratado, em que não foi libertado qualquer predador, revelaram diferenças significativas nas densidades populacionais de ácaros pragas e predadores na sexta ou sétima semana após a libertação. Além disso, os números de ácaros e de N. pseudolongispinosus nos tratamentos em que o predador foi libertado foram significativamente diferentes, com exceção dos tratamentos em que cada planta e cada segunda planta foram tratadas.

A análise preliminar dos experimentos realizados indicou que não houve diferenças significativas no número de ácaros praga mostrando uma tendência de 0,02 a 0,05 indivíduos por folha (F= 0,254; df=19; P= 0,857) entre todos os tratamentos durante o período de pré-tratamento ou no início da estação. Após o período de tratamento, nas plantas de controlo, o número médio de ácaros foi significativamente mais elevado (6,06 por folha) (F= 14,650; df=

19; P= 0,000) do que nas plantas onde o predador foi libertado. Os números médios não foram significativamente diferentes nas parcelas em que cada planta e cada segunda planta foram tratadas com ácaro predador (0,80 e 1,06 por folha, respetivamente). No entanto, ambos os tratamentos tiveram uma população de pragas significativamente menor do que o tratamento onde cada terceira planta foi tratada (3,00 por folha) com N. pseudolongispinosus. Assim, devido à ação de N. pseudolongispinosus, a população de ácaros praga foi contrariada por folha nos tratamentos biológicos em comparação com o tratamento de controlo (Quadro 21).

As espécies de ácaros predadores reduziram significativamente o número de ácaros abaixo do registado no controlo durante toda a estação. O tratamento de controlo teve um número significativamente menor de N. pseudolongispinosus (0,05 por folha) em comparação com as áreas tratadas (F= 18,971; df= 19; P= 0,000). Em contrapartida, o número de N. pseudolongispinosus nos tratamentos libertados pelo predador manteve-se bastante elevado quando cada planta e cada segunda planta foram tratadas (0,33 e 0,26 por folha, respetivamente). No entanto, estes números não foram significativamente diferentes uns dos outros. A população de ácaros predadores observada no tratamento com cada terceira planta diferiu significativamente da encontrada no controlo e nos dois tratamentos anteriores (0,17 por folha). Esta experiência demonstrou que a libertação da população de ácaros predadores pode ter um impacto positivo na supressão do ácaro da aranha.

Tabela 21. Densidades médias sazonais de ácaros-aranha e ácaros predadores em todos os tratamentos.

Treatments	Spider mite pre treatment/ leaf	Spider mite post treatment/ leaf	Predator mite recovered/ leaf
T^1= Every plant treated	0.04 ± 0.01 a	0.80 ± 0.09 a	0.33 ± 0.02 c
T^2= Every second plant treated	0.05 ± 0.02 a	1.06 ± 0.17 a	0.26 ± 0.02 c
T^3= Every third plant treated	0.02 ± 0.01 a	3.00 ± 0.14 b	0.17 ± 0.03 b
T^4= Check	0.04 ± 0.02 a	6.06 ± 1.24 c	0.05 ± 0.02 a

Letras diferentes nas colunas representam diferenças significativas entre tratamentos a 0,05.

Os resultados do ensaio analisaram que o algodão tratado com ácaros predadores não atingiu a taxa crítica de infestação de ácaros e não sofreu perdas económicas quando cada planta e cada segunda planta foram tratadas. Os presentes resultados estão parcialmente de acordo com os de Daneshvar e Abaii (1994) que utilizaram o ácaro predador Phytoseiulus persimilis para suprimir as populações de Tetranychus, que proporcionou um bom controlo biológico do tetraniquídeo em sementes de soja no campo à taxa de libertação de 5 predadores/planta, quando cada 2nd plantas foram tratadas. Os presentes resultados também estão em conformidade com os de Colfer et al., (2004) que avaliaram as taxas de libertação do ácaro predador ocidental, Galendromus occidentalis, para o controlo do ácaro da aranha em campos de algodão. A libertação de ácaros predadores pareceu reduzir a abundância sazonal de ácaros. No trabalho descrito, a libertação do ácaro predador no algodão indicou a possibilidade de controlar o ácaro T. cinnabarinus no algodão. Nestas condições, a utilização de N. pseudolongispinosus em cada planta de algodão ou seguida da sua libertação de duas em duas plantas, poderá ser melhor.

ii. A utilização de Neoseiulus pseudolongispinosus (Xin, Liang & Ke) em diferentes épocas de libertação para a gestão do ácaro Tetranychus cinnabarinus (Boisduval) no algodão

Este ensaio de tempo de liberação foi conduzido para determinar se a eficiência do ácaro predador N. pseudolongispinosus foi influenciada pelas liberações durante os diferentes estágios de crescimento da cultura do algodão. Os tratamentos experimentais foram diferentes datas de libertação, com aproximadamente 5 ácaros por planta libertados de cada vez. Os tratamentos incluíram libertações de N. pseudolongispinosus em intervalos aproximadamente quinzenais durante a estação de crescimento do algodão: (1) uma "libertação precoce" às 2 semanas após a emergência da planta, realizada enquanto as plantas de algodão tinham entre um e dois nós, (2) uma "libertação intermédia" do ácaro predador às 4 semanas, realizada enquanto as plantas de algodão tinham entre sete nós, (3) uma "libertação tardia" realizada às 6 semanas, período em que as plantas tinham 1/3 do estádio quadrado e (4) "nenhuma libertação" do ácaro predador (controlo). Com base nas aplicações dos tratamentos, as recolhas de dados experimentais para examinar as tendências da população de artrópodes foram divididas em dois períodos na estação de crescimento da cultura. Estes períodos foram: pré-tratamento (1 semana antes de qualquer tratamento) e pós-tratamento (1 semana após a primeira aplicação do ácaro predador). A amostragem das folhas foi efectuada em intervalos de 10 dias. A amostragem de folhas envolveu a seleção aleatória de 5 plantas por parcela e a observação da folha verdadeira mais basal do caule principal quando as plantas tinham menos de 5 nós e, posteriormente, a localização da folha do caule principal em cinco nós abaixo do topo da planta. Cada folha foi examinada para detetar a presença de ácaros e ácaros predadores, isto é, adultos ou imaturos, ou ambos, e o número total de ácaros nas folhas foi registado. Os resultados do ensaio analisaram que o algodão tratado com ácaros predadores não atingiu a taxa crítica de infestação de ácaros e o seu número permaneceu muito baixo ao longo da estação de crescimento do que o tratamento de controlo. Em geral, as populações de ácaros predadores foram muito mais baixas no tratamento não libertado do que nos campos de algodão geridos biologicamente. As populações combinadas de ambos os aracnídeos não foram significativamente diferentes durante as estações iniciais e intermédias do que nas libertações tardias. Isto deveu-se provavelmente à baixa população de pragas na altura da libertação durante as libertações iniciais e médias.

No ensaio preliminar, a densidade de ácaros monitorizada no pré-tratamento indicou que a praga não tinha números significativos no campo (F= 17,214; df=19; P= 0,000), que diferiam de 0,04 a 0,50 indivíduos por folha no controlo e nas libertações no início e a meio da estação, que eram significativamente diferentes do tratamento no final da estação (0,50 por folha). A avaliação pós-tratamento das libertações de ácaros predadores reduziu significativamente a densidade do ácaro da aranha durante as diferentes estações. A abundância sazonal da população de ácaros foi significativamente maior (7,44 por folha) nos campos de algodão não tratados do que nos tratados (F= 79,750; df= 19; P= 0,000). Não houve diferenças significativas no número de ácaros nas libertações no início e no meio da estação (0,97 e 1,42 por folha, respetivamente). A redução da população de ácaros foi significativamente maior com as libertações no início e a meio da estação do que com as libertações no final da estação (2,62 por folha). As tendências da população de ácaros predadores também diferiram muito entre as diferentes estações de libertação. Durante toda a estação, os tratamentos com N. pseudolongispinosus tiveram um número médio total significativamente mais elevado do que o tratamento de controlo (F= 24,485; df= 19; P= 0,000). A abundância sazonal de ácaros predadores excedeu significativamente nas parcelas de libertação precoce (0,29 por folha) e a meio da estação (0,24 por folha) do que nas parcelas de libertação tardia (0,17 por folha). As densidades de ácaros predadores parecem não ser significativamente diferentes, em média, entre as libertações iniciais e as libertações a meio da estação do que entre as libertações tardias. No entanto, a população total de ácaros predadores foi muito menor (0,04 por folha) na área não libertada do que nas áreas tratadas (Quadro 22).

Tabela 22. Densidades médias sazonais de ácaros e ácaros predadores em todos os tratamentos.

Treatments	Spider mite pre treatment/ leaf	Spider mite post treatment/ leaf	Predator mite recovered/ leaf
T^1= Early season releases	0.04 ± 0.02 a	0.97 ± 0.05 a	0.29 ± 0.03 c
T^2= Middle season releases	0.20 ± 0.05 a	1.42 ± 0.10 a	0.24 ± 0.01 c
T^3= Late season releases	0.50 ± 0.07 b	2.62 ± 0.30 b	0.17 ± 0.01 b
T^4= No releases	0.05 ± 0.03 a	7.44 ± 0.57 c	0.04 ± 0.01 a

As médias dentro das colunas seguidas pela mesma letra não são significativamente diferentes (P= 0,05).

Os estudos de campo mostraram que havia uma diferença significativa nas densidades de ácaros e ácaros predadores entre os campos tratados. A variação na tendência da população de ácaros entre as duas estações iniciais (tardia e inicial) pode, em certa medida, explicar as diferenças significativas entre os tratamentos libertados. Inicialmente, a população de ácaros estava a níveis tão baixos nos tratamentos do início e do meio da estação que não podia desenvolver-se tão abundantemente como nos tratamentos posteriores, que tinham uma maior abundância da praga. Por conseguinte, devem ser necessários números mais elevados de ácaros predadores para causar um nível de controlo semelhante quando a infestação ocorre mais tarde na estação. O estabelecimento da população de ácaros predadores ocorreu tão tarde nas libertações tardias da estação que o seu número não foi suficientemente elevado para afetar a magnitude do ácaro-aranha. Além disso, os ácaros predadores eram abundantes no início e a meio da estação, quando a população de ácaros não era tão elevada, diminuindo assim a densidade das presas em comparação com o resto da estação. Outros factores que podem ter contribuído para a falta de controlo significativo numa fase posterior podem ser o facto de o ácaro predador poder ter desviado as suas preferências alimentares para outros artrópodes ou para os pólenes do algodão. O algodão, que sofreu pouco stress hídrico no final da estação, suportou densidades muito elevadas de ácaros, mas durante o início e o meio da estação não houve stress, pelo que actuou principalmente como sumidouro de ácaros durante os dois períodos de crescimento. Por conseguinte, uma libertação mínima do predador poderia manter a população da praga a um nível relativamente baixo durante a estação inicial, por outro lado, nos pontos quentes de ácaros ou nas zonas de crescimento da estação tardia, eram necessárias libertações adicionais de predadores. As libertações de ácaros predadores no campo mostraram que N. pseudolongispinosus reduziu o número de ácaros no algodão e a redução do número de pragas foi proporcional à população de predadores libertados. No entanto, ao libertar o mesmo número de N. pseudolongispinosus em alturas diferentes, verificou-se que as libertações mais precoces resultaram num menor número de ácaros da praga e, consequentemente, em menores danos para a cultura. No entanto, devem ser realizados mais estudos sobre a influência de outros factores, como o efeito de vários parâmetros meteorológicos nas populações de ácaros, porque Sujatha et al. (2008) determinaram que as populações de ácaros eram significativamente afectadas pela temperatura, chuva e humidade relativa. Assim, a libertação inoculativa de N. pseudolongispinosus é uma estratégia de gestão potencialmente útil para controlar o ácaro T. cinnabarinus no algodão em campos abertos, mas serão necessárias melhorias adicionais no momento e na estratégia de libertação do predador para proporcionar um controlo comercialmente aceitável.

CAPÍTULO 5
CONCLUSÕES

O desenvolvimento de ácaros predadores em diferentes hospedeiros é um bom exemplo do papel da investigação laboratorial na produção de novos agentes de controlo biológico para libertação inoculativa em culturas. Requer pouco apoio técnico, pode ser produzido a baixo custo e desempenhará um papel fundamental no desenvolvimento de um programa de controlo biológico económico e amigável, que é fundamental para a sua utilização em larga escala. As conclusões mais importantes do estudo são as seguintes

1. A partir do presente estudo, a análise dos atributos morfológicos das espécies vegetais mostrou que as arquitecturas essenciais das folhas, tais como a área foliar, a espessura das folhas e a pilosidade das folhas, são as principais responsáveis por influenciar as densidades dos artrópodes e, para obter um maior rendimento, P. lunatus e L. purpureus podem ser recomendadas para a produção dos ácaros N. pseudolongispinosus e T. urticae.

2. A atividade reprodutiva do ácaro predador N. pseudolongispinosus alimentado com T. putrescentiae cultivado na farinha de sementes de trigo era suscetível de ser mais vital do que a originada pelo milho e pela soja. Pode ser utilizado como agente de controlo biológico de T. putrescentiae em condições de campo e de armazenamento e, como potencial agente de biocontrolo, a sua produção em massa utilizando T. putrescentiae cultivado na dieta de trigo pode ser considerada como uma fonte de alimento adequada.

3. O N. pseudolongispinosus pode ser criado com sucesso nos ovos de L. sticticalis, que se revelou um melhor alimento para adultos e ninfas e este ácaro predador parece essencialmente atuar no controlo biológico de L. sticticalis nas culturas.

4. O predador N. cucumeris é um candidato a agente de controlo biológico para tripes, ácaros e ácaros, uma vez que pode alimentar-se e sobreviver em grande medida em fontes nutricionais alternativas em caso de ausência ou escassez de presas. Este ácaro N. cucumeris é de grande interesse como candidato a agente de controlo biológico, uma vez que apresenta muitas características como a alimentação em dietas vegetais e animais, o que o torna um inimigo natural promissor para ser utilizado no âmbito de um programa de controlo biológico.

5. Este ácaro predador será possivelmente capaz de se adaptar sem problemas a presas flutuantes e de manter a sua capacidade de reprodução e desenvolvimento mesmo quando as presas artrópodes são relativamente escassas e pode alimentar-se de presas ácaros alternadas e de pólenes como dieta botânica.

A tendência para os alimentos devorados por ambos os ácaros predadores (N. cucumeris e N. pseudolongispinosus) mostrou evidentemente que as espécies tinham capacidade para sobreviver em presas alternativas, o que aumentaria a probabilidade de sucesso do estabelecimento de predadores, um facto que deve ser tido em conta quando se inicia um programa de biocontrolo em diferentes sistemas de culturas agrícolas.

6. Os dados de observação sugerem que a predação do ácaro T. cinnabarinus pela fauna de predadores N. pseudolongispinosus, E. utilis, E. castaneae e E. finlandicus pode ter um potencial perfeito para proporcionar controlo biológico em campos de pimentão protegidos.

7. O estudo indicou o potencial dos 4 predadores de ácaros acima referidos para aumentar a libertação de predadores nativos, a fim de proporcionar o melhor controlo de pragas sugadoras

(tripes, mosca branca e ácaro-aranha) em plantas de pepino protegidas.

8. Dos diferentes factores que se verificou afectarem a população de ácaros, em geral, a densidade de tricomas na superfície inferior da folha, a espessura da folha e a altura da planta, mais do que a largura do caule, tiveram uma relação positiva com a abundância de artrópodes. Assim, como uma abordagem vital e adequada de gestão de pragas, o SGK-321 (Bt) e o Shiyuan-321 (não Bt) podem ser utilizados como fontes de resistência no desenvolvimento e melhoria da resistência de linhas consanguíneas de algodão ao ácaro do carmim. Não se verificaram impactos drásticos no inimigo natural predador associado ao algodão Bt e a população de predadores nos campos Bt não foi afetada em comparação com o algodão convencional. A libertação no campo do ácaro predador N. pseudolongispinosus para reduzir o número de ácaros na fase inicial do algodão é uma estratégia de gestão de pragas potencialmente útil se todas as plantas forem tratadas com o predador.

Perspectivas futuras

Neste relatório, é apresentada a investigação que se centra tanto na cultura como na utilização de ácaros predadores contra as pragas de ácaros e de insectos de corpo mole. Esta tentativa de analisar o sistema biológico é um exemplo de uma abordagem geral mecanicista e dinâmica do problema das pragas. Para a investigação futura, há várias direcções possíveis. O impacto da utilização de espécies de ácaros predadores será multifacetado e incluirá

1. Reduzir a procura de utilização de pesticidas nas zonas-alvo.
2. Alívio dos danos causados pelos ácaros fitófagos nas culturas alimentares e de alto valor.
3. Preservação da biodiversidade autóctone de predadores de ácaros.
4. Indução de tolerância nos agentes de biocontrolo contra pesticidas através da utilização de técnicas nucleares.

A implementação dos objectivos resultará nos seguintes resultados:

1. Plano para a conceção, desenvolvimento e manutenção de uma instalação de criação em massa utilizando ácaros predadores seleccionados.
2. Criação de um programa de estágio para dar formação a investigadores e produtores especializados na proteção de culturas afectadas por pragas de insectos e ácaros, a fim de facilitar a transferência de tecnologia.

Os conhecimentos obtidos destinam-se a servir de base a futuras estratégias de gestão integrada de pragas (IPM). As competências e qualificações obtidas durante a investigação de pós-doutoramento serão aplicadas na gestão sustentável e ecológica das pragas e nas oportunidades de produção de culturas biológicas no Paquistão e na China.

REFERÊNCIAS

Abou-Awad, B.A., Nasr, A.K., Gomaa, E.A. e Abou-Elela, M.M. 1989. Alimentação, desenvolvimento e reprodução do ácaro predador, Hypoaspis vacua, em vários tipos de substâncias alimentares (Acari: Laelapidae). Ciência dos Insectos e sua Aplicação, 10 (4): 503-506.

Abou-Eella, M.M. e Abou-Eella, G.M.A. 2001. Estudos laboratoriais sobre o desenvolvimento e a oviposição de Neoseiulus cucumeris (Oudemans) (Acari: Phytoseiidae) alimentados com várias presas. Egyptian Jour. Biolog. Pest Control, 11

(1/2): 115-118.

Abou-Setta, M.M. e Childers, C.C. 1987. Biologia de Euseius mesembrinus (Acari: Phytoseiidae): tabelas de vida em pólen de plantas de gelo a diferentes temperaturas com notas sobre o comportamento e a gama de alimentos. Experimental and Applied Acarology, 3: 123-130.

Abou-Setta, M.M. e Childers, C.C. 1991. Taxa intrínseca de aumento em diferentes intervalos de tempo de geração de espécies de insectos e ácaros com sobreposição de gerações. Ann. Entomol. Soc. Am., 84: 517-521.

Agamy, E.A. e Gomaa, W.O. 2002. Tyrophagus putrescentiae Schr. (Acari: Acaridae) como presa para a criação do predador Orius laevigatus (Fieber) (Hemiptera: Anthocoridae). Egyptian Jour. Biol. Pest Control, 12 (2): 91-93.

Agrawal, A.A., Karban, R. e Colfer, R.G. 2000. Como a domatia foliar e a resistência induzida das plantas afectam os inimigos naturais e o desempenho das plantas. Oikos, 89: 70-80.

Ali, O. e Brennan, P. 2000. Observações sobre o comportamento alimentar de Hypoaspis miles (Mesostigmata: Laelapidae). Systematic and Applied Acarology, 5: 41-43.

Ananthakrishnan, T. 1993. Bionomics of thrips. Revisão Anual de Entomologia, 38: 71- 92.

Ashihara, W., Inoue, K. e Osakabe, M. 1986. Um método de criação em massa para Phytoseiulus persimilis Athias-Henriot (Acarina; Phytoseiidae). I. Morfologia das folhas e crescimento da soja e do feijão-miúdo, desenvolvimento e oviposição de Tetranychus urticae Koch (Acarina; Tetranychidae) nos feijões e fecundidade de P. persimilis em três espécies de Tetranychus. Boletim, Estação de Investigação de Árvores de Fruto, Japão, E (Akitsu), 6: 91-102.

Atsushi, K., Shuichi, Y. e Akio, T. 2002. A densidade dos ácaros eriofídeos que habitam a domatia de Cinnamomum camphora Linn. afecta a densidade do ácaro predador, Amblyseius sojaensis Ehara (Acari: Phytoseiidae), que não habita a domatia. Applied Entomology and Zoology, 37 (4): 617-619.

Blaeser, P. e Sengonca, C. 2001. Estudos laboratoriais sobre a predação de quatro espécies de ácaros predadores Amblyseius contra Frankliniella occidentalis (Pergande) (Thysanoptera: Thripidae) e Tetranychus urticae Koch (Acari: Tetranychidae) como presa. Gesunde Pflanzen, 53 (7-8): 218-223.

Blumel, S., Walzer, A. e Hausdorf, H. 2002. Libertação sucessiva de Neoseiulus californicus McGregor e Phytoseiulus persimilis A.H. (Acari, Phytoseiidae) para o controlo biológico sustentável de ácaros em roseiras cortadas em estufa - resultados provisórios de um estudo de dois anos num viveiro comercial. Boletim IOBC/WPRS, 25 (1): 21-24.

Bolland, H.R., Gutierrez, J. e Flechtmann, C.W.H. 1998. World Catalogue of the Spider Mite Family (Acari: Tetranychidae). Brill, Leiden, Países Baixos.

Broufas, G.D. e Koveos, D.S. 2000. Effect of different pollens on development, survivorship and reproduction of Euseius finlandicus (Acari: Phytoseiidae). Environmental Entomology, 29 (4): 743-749.

Calvo, J. e Belda, J.E. 2006. Comparação de estratégias de controlo biológico de Bemisia tabaci Genn (Hom.: Aleyrodidae) em pimento doce em condições de semicampo.

Boletin de Sanidad Vegetal, Plagas, 32 (3): 297-311.

Calvo, J., Fernandez, P., Bolckmans, K. e Belda, J.E. 2006. Amblyseius swirskii (Acari: Phytoseiidae) como agente de controlo biológico da mosca branca do tabaco Bemisia tabaci (Hom.: Aleyrodidae) em culturas protegidas de pimentão no sul de Espanha. Boletim OILB/SROP, 29 (4): 77-82.

Carter, M.C., Sutherl, D. e Dixon, A.F.G. 1984. Estrutura da planta e eficiência de busca das larvas de coccinelídeos. Oecologia, 63: 394-397.

Castagnoli, M. e Simoni, S. 1991. Influenza della temperatura sull incremento delle popolazioni di Amblyseius californicus (McGregor) (Acari: Phytoseiidae). Redia, LXXIV: 621-640.

Chaudhri, W.M., Akbar, S. e Rasool, A. 1979. Estudos sobre os ácaros predadores que habitam as folhas do Paquistão. USDA e Conselho de Investigação Agrícola do Paquistão. Programa PL 480. Projeto nº PK-ARS, 30: 1-234, Universidade de Agricultura, Faisalabad, Paquistão.

Colbrie, F.P. e El-Brolossy, M. 1989. Investigações sobre o papel de algumas plantas de cobertura do solo como reservatório de ácaros predadores em pomares de frutos. Pflanzenschutzberichte, 50: 37-48.

Colfer, R.G., Rosenheim, J.A., Godfrey, L.D. e Hsu, C.L. 2004. Avaliação de libertações em larga escala do controlo de ácaros predadores ocidentais no algodão. Controlo Biológico, 30 (1): 1-10.

Coll, M. e Ridgway, R.L. 1995. Respostas funcionais e numéricas de Orius insidiosus (Heteroptera: Anthocoridae) às suas presas em diferentes culturas hortícolas. Ecology and Population Biology, 88: 732-747.

Collier, T. e Van Steenwyk, R. 2004. A critical evaluation of augmentative biological control. Biological Control, 31: 245-256.

Cox, P.D., Matthews, L., Jacobson, R.J., Cannon, R., Macleod, A. e Walters, K.F.A. 2006. Potencial de utilização de agentes biológicos para o controlo de surtos de Thrips palmi (Thysanoptera: Thripidae). Biocontrol Science and Technology, 16 (9): 871-891.

Cranham, J.E. e Helle, W. [eds.] 1985. Pesticide resistance in Tetranychidae, pp. 405-421. Em World crop pests-spider mites: their natural enemies and control. Elsevier, Amesterdão, Países Baixos.

Daneshvar, H. e Abaii, M.G. 1994. Controlo eficiente de Tetranychus turkestani no algodão, soja e feijão por Phytoseiulus persimilis (Acari: Tetranychidae) em focos de pragas. Applied Entomology and Phytopathology, 61 (1 & 2): 22-24.

Dicke, M., Takabayashi, J., Posthumus, M.A., Schutte, C. e Krips, O.E. 1998. Interação planta-fitoseiídeo mediada por voláteis de plantas induzidos por herbívoros: variação na produção de sinais e nas respostas dos ácaros predadores. Exp. Exp. Appl. Acarol., 22: 311-333.

Duso, C. e Vettorazzo, E. 1999. Dinâmica da população de ácaros em diferentes variedades de uva com ou sem libertação de fitoseídeos (Acari: Phytoseiidae). Exp. Exp. Appl. Acarol., 23: 741-763.

El-Laithy, A.Y.M. e El-Sawi, S.A. 1998. Biologia e parâmetros da tabela de vida do ácaro predador Neoseiulus californicus alimentado com diferentes dietas. Zeitschrift fur Pflanzenkrankheiten und Pflanzenschutz, 105 (5): 532-537.

Elzen, G.W.e Hardee, D.D. 2003. Investigação do United States Department of Agriculture-Agricultural Research Service sobre a gestão da resistência dos insectos aos insecticidas. Pest Manag. Sci., 59: 6-7.

Fernando, L.C.P., Aratchige, N.S., Kumari, S.L.M.L., Appuhamy, P.A.L.D. e Hapuarachchi, D.C.L. 2004. Desenvolvimento de um método para a criação em massa de Neoseiulus baraki, um ácaro predador do ácaro do coco, Aceria guerreronis. COCOS. Coconut Res. Institute, Sri Lanka, 16: 22-36.

Ferragut, F., Garcia-Mari, F., Costa-Comelles, J. e Laborda, R. 1987. Influência do alimento e da temperatura no desenvolvimento e oviposição de Euseius stipulatus e Typhlodromus phialatus (Acari: Phytoseiidae). Experimental and Applied Acarology, 3: 317-329.

Flechtmann, C.H.W. e McMurtry, J.A. 1992. Estudos sobre a forma como os ácaros fitoseídeos se alimentam de ácaros e pólen. International Journal of Acarology, 18: 157-162.

Gerson, U., Smiley, R.L. e Ochoa, R. 2003. Mites (Acari) for Pest Control. Blackwell Science, Oxford, Reino Unido.

Giles, D.K., Gardner, H.E. e Studer, H.E. 1995. Libertação mecânica de ácaros predadores para controlo biológico de pragas em morangueiros. Amer. Soc. Agric. Engin., 38: 1289-1296.

Gillespie, D.R. e Quiring, D.J.M. 1994. Reprodução e longevidade do ácaro predador, Phytoseiulus persimilis (Acari: Phytoseiidae) e da sua presa, Tetranychus urticae (Acari: Tetranychidae) em diferentes plantas hospedeiras. Journal of the Entomological Society of British Columbia, 91: 3-8.

Gillespie, D.R. e Quiring, D.J.M. 1994. Reprodução e longevidade do ácaro predador, Phytoseiulus persimilis (Acari: Phytoseiidae) e da sua presa, Tetranychus urticae (Acari: Tetranychidae) em diferentes plantas hospedeiras. Journal of the Entomological Society of British Columbia, 91: 3-8.

Goszczynski, W., Cichocka, E. e Wojtowska, M. 1989. Pragas do pimento de estufa. Ochrona Roslin, 33 (1): 8-10.

Gotoh, T., Nozawa, M. e Yamaguchi, K. 2004. Consumo de presas e resposta funcional de três espécies acarófagas a ovos do ácaro de duas manchas em laboratório. Applied Entomology and Zoology, 39 (1): 97-105.

Gotoh, T., Tsuchiya, A. e Kitashima, Y. 2006. Influência da presa no desempenho do desenvolvimento, reprodução e consumo de presas de Neoseiulus californicus (Acari: Phytoseiidae). Experimental and Applied Acarology, 40 (3/4): 189-204.

Grafton-Cardwell, E.E. e Ouyang, Y. 1995. Aumento de Euseius tularensis (Acari: Phytoseiidae) em citrinos. Environ. Entomol, 24: 738-747.

Grostal, P. e O'Dowd, D.J. 1994. Plantas, ácaros e mutualismo: domatia foliar e a abundância e reprodução de ácaros em Viburnum tinus (Caprifoliaceae). Oecologia, 97: 308-315.

Guo, F., Zhang, Z.Q. e Zhao, Z. 1998. Resistência a pesticidas de Tetranychus cinnabarinus

(Acari: Tetranychidae) na China: uma revisão. Systematic and Applied Acarology, 3: 3-7.

Hafez, S.M., Mallawani, M.A. e Taher, S.H. 1988. Estudos biológicos sobre Blattisocius tarsalis Keegan, um ácaro predador que habita alimentos armazenados no Egipto. Annals of Agricultural Science, 33 (2): 1387-1393.

Haines, C.P. 1981. Estudos laboratoriais sobre o papel de um predador de ovos, Blattisocius tarsalis (Berlese) (Acari: Ascidae), em relação ao controlo natural de Ephestia cautella (Walker) (Lepidoptera, Pyralidae) em armazéns. Boletim de Investigação Entomológica, 71: 555-574.

Hansen, E.A., Funderburk, J.E., Reitz, S.R., Ramachandran, S., Eger, J.E. e Mcauslane, H. 2003. Distribuição intra-planta de espécies de Frankliniella (Thysanoptera: Thripidae) e Orius insidiosus (Heteroptera: Anthocoridae) no pimento. Environ. Entomol., 32: 1035-1044.

Heinz, K.M., Van Driesche, R.G. e Parella, M.P. (eds.). 2004. Biocontrol in Protected Culture. Ball Publishing, Batavia, EUA, pp. 552.

Helle, W. e Sabelis, M.W. 1985 a. Spider mites: Their biology, natural enemies and control, Volume 1 Part A. Elsevier, Amsterdam, pp 406.

Helle, W. e Sabelis, M.W. 1985 b. Spider mites: Their biology, natural enemies and control, Volume 1 Part B. Elsevier, Amsterdam, pp 458.

Herms, D.A. e Mattson, W.J. 1992. O dilema das plantas: crescer ou defender. Q. Rev. Biol., 67: 283-335.

Ho, C.C. 2000. Problemas e controlo do ácaro-aranha em Taiwan. Experimental and Applied Acarology, 24 (5/6): 453-462.

Hoogerbrugge, H., Calvo, J., Houten, Y.V. e Bolckmans, K. 2005. Controlo biológico da mosca branca do tabaco Bemisia tabaci com o ácaro predador Amblyseius swirskii em culturas de pimento doce. Boletim OILB/SROP, 28 (1): 119-122.

Hubert, J., Nemcova, M., Aspaly, G. e Stejskal, V. 2006. A toxicidade da farinha de feijão (Phaseolus vulgaris) para os ácaros dos produtos armazenados (Acari: Acaridida). Plant Protect. Sci., 42 (4): 125-129.

Hussey, N.W. e Scopes, N. (eds). 1985. Biological Pest Control, The Glasshouse Experience. Cornell University Press, Ithaca, EUA.

Ibrahim, G.A., Halawa, A.M. e Abd El-Wahed, N.M. 2005. Aspectos biológicos do ácaro predador, Neoseiulus cucumeris Oudemans, quando alimentado em fases pós-embrionárias de Tetranychus urticae Koch. Egyptian Jour. Agri. Res., 83 (4): 1681-1687.

Juniper, B.E. 1986. The path to plant carnivory. pp 195-218 in B.E. Juniper, R. Southwood, eds. Insects and the plant surface. Edward Arnold, Londres.

Kongchuensin, M., Charanasri, V. e Takafuji, A. 2006. Planta hospedeira adequada e proporções iniciais óptimas de predador e presa para a criação em massa do ácaro predador, Neoseiulus longispinosus (Evans). Journal of the Acarological Society of Japan, 15 (2): 145-150.

Koller, M., Knapp, M. e Schausberger, P. 2007. Efeitos adversos directos e indirectos do tomate no ácaro predador Neoseiulus californicus que se alimenta do ácaro-aranha Tetranychus evansi. Entomologia Experimentalis et Applicata, 125 (3): 297-305.

Krips, O.E. 2000. Efeitos das plantas no controlo biológico dos ácaros na cultura ornamental da gerbera. Dissertação de doutoramento, Landbouwuniversiteit Wageningen, Países Baixos, pp 113.

Krips, O.E., Kleijn, P.W., Willems, P.E.L., Gols, G.J.Z. e Dicke, M. 1999. Os pêlos das folhas influenciam a eficiência de procura e a taxa de predação do ácaro predador Phytoseiulus persimilis (Acari: Phytoseiidae). Experimental and Applied Acarology, 23 (2): 119-131.

Leigh, T., Goodell, P., Toscano, N., Burton, V., Bentley, W., Wilson, L.T., Natwick, E.T., Roberts, P., Davis, R.M., Vargas, R., Fischer, B., Kempen, H. e Wright, S. 1990. Orientações para a gestão das pragas do algodão. Publicação da UCPMG, 17: 21-24, 37-56.

Li, D.Y., He, Y.F. e Li, H.D. 2006. Biologia e tabela de vida do ácaro predador Euseius aizawai (Acari: Phytoseiidae). Systematic and Applied Acarology, 11 (2): 159-165.

Litsinger, J. 1995. Pest Problems in Floriculture in the Philippines (Problemas de Pragas na Floricultura nas Filipinas). Philippines Trip Report, Feb., 8- March 8, Agribusiness System Assistance Program, IPM CRSP, Office of International Research and Development, 1060 Litton Reaves Hall, Virginia Tech, Ph- 10.

Liu, T. e Jin, D.C. Guo, J.J. e Li, L. 2006. Desenvolvimento e crescimento de Tyrophagus putrescentiae (Schrank) (Acarina: Acaridae) criado sob diferentes temperaturas com diferentes nutrientes. Ata Entomol. Sinica, 49 (4): 714-718.

Liu, X.X., Zhang, Q.W., Zhao, J.Z., Cai, Q.N., Xu, H.L. e Li, J.C. 2005. Effect of the Cry1Ac toxin of Bacillus thuringiensis on Microplitis mediator, a parasitoid of the cotton bollworm, Helicoverpa armigera. Entomologia Experiments et Applicata, 114: 205-213.

Ma, X.M., Xialiu, X., Zhang, Q.W., Junli, J. e Ren, A.M. 2006. Impacto do algodão transgénico Bacillus thuringiensis numa praga não visada Tetranychus spp. no norte da China. Ciência dos Insectos, 13: 279-286.

MacGill, E.I. 1939. Um ácaro gamasídeo (Typhlodromus thripsi n. sp.), um predador de Thrips tabaci Lind. Ann. Appl. Biol., 26: 309-17.

Malison, M. 1996. Influência da unidade de medida das populações em estudos de fecundidade dependentes da densidade do ácaro predador Amblyseius aberrans (Oud.) (Acarina, Phytoseiidae). Journal of Applied Entomology, 120 (1): 1-6.

Malveda, A.L.U. e Corpuz-Raros, L.A. 2006. Biologia e morfologia do ácaro predador Neoseiulus calorai (Corpuz & Rimando) criado em Tetranychus urticae Koch (Acari: Tetranychidae). Philippine Entomologist, 20 (1): 56-80.

Maria, E.C., Paulo, A.C., Elsa, L.M., Incoln, S. e Andantônio, C.B. 2001. Consumo e taxas de oviposição de seis espécies de fitoseídeos que se alimentam de ovos do ácaro verde da mandioca Mononychellus tanajoa (Acari: Tetranychidae). Florida Entomologist, 84 (4): 602-607.

Marquis, B.K. Boege, R.J.K. e Marquis, R.J. 2006. Qualidade da planta e risco de predação mediados pela ontogenia da planta: consequências para herbívoros e plantas. Oikos, 115 (3): 559-572.

McAuslane, H.J., Webb, S.E. e Elmstrom, G.W. 1996. Resistência em germoplasma de Cucurbita pepo à folha prateada, uma doença associada a Bemisia argentifolii (Homoptera: Aleyrodidae). Florida Entomologist, 79: 206-221.

McMurtry, J.A. 1982. The use of phytoseiids for biological control: progress and future prospects. Em Recent Advances in Knowledge of the Phytoseiidae, ed. M.A. Hoy, pp. 23-48. M.A. Hoy, pp. 23-48. Publ. 3284. Berkeley: Univ. Calif. Press.

McMurtry, J.A. e Croft, B.A.1997. Life-styles of phytoseiid mites and their roles in biological control. Annual Review of Entomology, 42: 291-312.

McMurtry, J.A., Morse, J.G. e Johnson, H.G. 1992. Estudos do impacto de espécies de Euseius (Acari: Phytoseiidae) nos ácaros dos citrinos utilizando experiências de exclusão e libertação de predadores. Exp. Exp. Appl. Acarol., 15: 233-48.

Melendez-Rios, M. e Resendiz-Garcia, B. 1995. Ciclo de vida de Tyrophagus putrescentiae Schrank (Astigmata: Acaridae) em cinco géneros de fungos fitopatogénicos. Revista Chapingo. Serie Prot. Vegetal., 2 (1): 35-38.

Messelink, G.J., Steenpaal, S.E.F. e Ramakers, P.MJ. 2006. Avaliação de predadores fitoseídeos para o controlo de tripes florais ocidentais em pepino de estufa. BioControl, 51 (6): 753-768.

Mowafi, M.H. 2005. Libertação do ácaro predador Phytoseiulus macropilis (Banks) para controlar Tetranychus urticae Koch (Acari: Phytoseiidae & Tetranychidae) numa estufa de pepinos. Egyptian Journal of Biological Pest Control, 15 (1/2): 109-111.

Naranjo, S.E. 2005. Avaliação a longo prazo dos efeitos do algodão Bt transgénico sobre a função da comunidade de inimigos naturais. Environmental Entomology, 34: 1211-1223.

Navajas, M., Lagne, J., Gutierrez, J. e Boursot, P. 1998. A homogeneidade de toda a espécie das sequências nucleares ribossómicas ITS2 no ácaro Tetranychus urticae contrasta com o extenso polimorfismo mitocondrial CO1. Hereditariedade, 48: 742-752.

Navia, D. e Flechtmann, C.H.W. 2004. Redescoberta e redescrição de Tetranychus gigas (Acari, Prostigmata, Tetranychidae). Zootaxa, 547: 1-8.

Nayak, M.K. 2006. Gestão do ácaro Tyrophagus putrescentiae (Schrank) (Acarina: Acaridae): um estudo de caso em alimentos para animais armazenados. Inter. Pest Control. Res. Information Ltd, UK. 48 (30): 128-130.

Nielsen, P.S. 1999. O impacto da temperatura na atividade e na taxa de consumo de ovos de traça por Blattisocius tarsalis (Acari: Ascidae). Experimental and Applied Acarology, 23: 149-157.

Nielsen, P.S. 2003. Predação por Blattisocius tarsalis (Berlese) (Acari: Ascidae) em ovos de Ephestia kuehniella Zeller (Lepidoptera: Pyralidae). Journal of Stored Products Research, 39 (4): 395-400.

Nomikou, M., Janssen, A. e Sabelis, M.W. 2003. Predador fitosseiídeo da mosca branca alimenta-se de tecido vegetal. Exp. Exp. Appl. Acarol., 31: 27-36.

Nomikou, M., Janssen, A., Schraag, R. e Sabelis, M.W. 2002. Os predadores fitoseiídeos suprimem as populações de Bemisia tabaci em plantas de pepino com alimentos alternativos. Exp. Exp. Appl. Acarol., 27: 57-68.

Norton, A., English-Loeb, G. e Belden, E. 2000. Manipulação de inimigos naturais pela planta hospedeira: a domatia foliar protege os ácaros benéficos dos predadores de insectos. Oecologia, 126: 535-542.

Obrist, L.B., Klein, H., Dutton, A. e Bigler, F. 2005. Efeitos do milho Bt em Frankliniella tenuicornis e exposição de predadores de tripes à toxina Bt mediada por presas. Entomol. Exp. Appl., 115: 409-416.

Obrist, L.B., Klein, H., Dutton, A. e Bigler, F. 2006. Avaliação dos efeitos do milho Bt no ácaro predador Neoseiulus cucumeris. Experimental and Applied Acarology, 38 (2/3): 125-139.

Oliveira, H., Janssen, A., Pallini, A., Venzon, M., Fadini, M. e Duarte, V. 2007. Um predador fitoseiídeo dos trópicos como potencial agente de controlo biológico do ácaro Tetranychus urticae Koch (Acari: Tetranychidae). Biological Control, 42 (2): 105-109.

Ottoboni, F., Mazzuccato, S., Rigamonti, I.E. e Lozzia, G.C. 1993. Ácaros que infestam a farinha e o malte. Tecnica Molitoria, 44 (8): 673-676.

Parrella, M. 2002. A biotecnologia e o seu efeito potencial no desenvolvimento e aplicação de estratégias de controlo biológico/IPM em estufas. Boletim IOBC/WPRS, 25 (1): 209-216.

Pijnakker, J. 2005. Biocontrolo da mosca branca de estufa, Trialeurodes vaporariorum, com o ácaro predador Euseius ovalis em roseiras de corte. Boletim OILB/SROP, 28 (1): 205-208.

Pimentel, D. 1 995. Teoria ecológica, problemas de pragas e soluções de base biológica. In: Glen, D.M. Greaves, M.P. e H.M. Anderson (eds.) Ewlogy of Intergtated Farming Systems. John Wiley and Sons Ltd., Nova Iorque. pp. 69-82.

Price, P.W., Bouton, C.E., Gross, P., McPheron, B.A., Thompson, J.N. e Weis, A.E. 1980. Interacções entre três níveis tróficos: Influência das plantas nas interacções entre insectos herbívoros e inimigos naturais. Annu. Rev. Rcol. Syst., 11: 41-65.

Prischmann, D.A., James, D.G., Wright, L.C. e Snyder, W.E. 2006. Efeitos dos ácaros fitoseídeos generalistas e da estrutura da copa da videira no biocontrolo do ácaro-aranha (Acari: Tetranychidae). Environmental Entomology, 35 (1): 56-67.

Rachna, K. e Sudha, M. 1994. Comportamento alimentar de um ácaro, Tyrophagus putrescentiae (Schrank). Crop Research (Hisar), 7 (3): 466-472.

Ramakers, P.M.J. 1988. Dinâmica populacional dos predadores de tripes Amblyseius mckenziei e Amblyseius cucumeris (Acarina: Phytoseiidae) em pimentão. Netherlands J. Agric. Sci., 36 (3): 247- 252.

Rasmy, A.H. e Ellaithy, A.Y. 1988. Introdução de Phytoseiulus persimilis para o controlo do ácaro das duas pintas em estufas no Egipto (Acari: Phytoseiidae, Tetranychidae). Entomophaga, 33: 435-438.

Rasmy, A.H., Zaher, M.A., Momen, F.M., Nawar, M.S. e Abou-Elella, G.M. 2000. The effect of prey species on biology and predatory efficiency of some phytoseiid mites: I - Amblyseius deleoni (Muma & Denmark). Egyptian Journal of Biological Pest Control,

10 (1/2): 117-121.

Reddall, A.A., Wilson, L.J., Gregg, P.C. e Sadras, V.O. 2007. Resposta fotossintética do algodão aos danos causados pelo ácaro: interação com a luz e mecanismos compensatórios. Crop Science, 47 (5) : 2047-2057.

Roda, A., Nyrop, J., Dicke, M. e English-Loeb, G. 2000. Os tricomas e as teias de ácaros protegem os ovos de ácaros predadores da predação intraguilda. Oecologia, 125 (3): 428-435.

Roda, A., Nyrop, J., English-Loeb, G. e Dicke, M. 2001. A pubescência das folhas e a formação de teias de ácaros de duas manchas influenciam o comportamento dos fitoseídeos e a densidade populacional. Oecologia, 129: 551-560.

Rott, A.S. e Ponsonby, D.J. 2000. Melhoria do controlo de Tetranychus urticae em culturas comestíveis de estufa utilizando um coccinelídeo especialista (Stethorus punctillum Weise) e um ácaro generalista (Amblyseius californicus McGregor) como agentes de biocontrolo. Biocontrol Sci. Technol, 10: 487-498.

Roulston, T.H. e Cane, J.H. 2000. Conteúdo nutricional e digestibilidade do pólen para os animais. In: Pollen and Pollination, Ed. A. Dafni, M. Hesse, E. Pacini, Viena, pp. 187-211.

Sabelis, M.W. 1990. Como analisar a preferência de presa quando a densidade da presa varia? Um novo método para discriminar entre os efeitos da plenitude intestinal e da composição do tipo de presa. Oecologia, 82: 289-298.

Sabelis, M.W. 1992. Artrópodes predadores. In: Natural enemies, the population biology of predators, parasites and diseases, Crawley, M.J. (ed.), Blackwell, Oxford, pp. 225-264.

Sanchez-Ramos, I. e Castanera, P. 2005. Efeito da temperatura nos parâmetros reprodutivos e na longevidade de Tyrophagus putrescentiae (Acari: Acaridae). Exper. Appl. Acarol., 36 (1/2): 93-105.

Schuler, T.H., Poppy, G.M., Kerry, B.R. e Denholm, I. 1999. Potenciais efeitos secundários das plantas transgénicas resistentes a insectos nos inimigos naturais dos artrópodes. Tendências em Biotecnologia, 17: 210-260.

Shereef, G..M., Zaher, M.A. e Afifi, A.M. 1980. Estudos biológicos e hábitos alimentares de Proctolaelaps pygmaeus (Muller) (Mesostigmata: Ascidae) no Egipto. In: Primeira Conferência de Praga, Instituto de Investigação sobre Proteção das Plantas, Praga, 3: 169-181.

Shereef, G.M., Soliman, Z.R. e Afifi, A.M. 1980. Importância económica do ácaro Hypoaspis miles (Berlese) (Mesostigmata: Laelapidae) e sua história de vida. Bull. Zool. Soc. Egypt, 30: 130-138.

Shirke, M.S., Jadhav, R.G. e Magdum, S.G. 2008. Avaliação da perda de culturas devido ao ácaro vermelho em Betelvine. Annals of Plant Protection Sciences, 16 (10): 219-220.

Skirvin, D.J. e Fenlon, J.S. 2001. As espécies vegetais modificam a resposta funcional de Phytoseiulus persimilis (Acari: Phytoseiidae) a Tetranychus urticae (Acari: Tetranychidae): implicações para o controlo biológico. Boletim de Investigação Entomológica, 91 (1): 61-67.

SPSS. 2005. Statistical Product and Service Solutions (SPSS) for Windows, 2nd Version.

Editora da Indústria Eletrónica, Pequim, China. pp. 683.

Stavrinides, M.C. e Skirvin, D.J. 2003. The effect of Chrysanthemum leaf trichome density and prey spatial distribution on predation of Tetranychus urticae (Acari: Tetranychidae) by Phytoseiulus persimilis (Acari: Phytoseiidae). Boletim de Investigação Entomológica, 4: 343-350.

Steiner, M.Y. e Goodwin, S. 2001. Fitoseiídeos com potencial para exploração comercial na Austrália. In: Acarology, X: proceedings of the 10th international congresses. (Eds R.B. Halliday, D.E. Walter, H.C. Proctor, R.A. Norton, M.J. Colloff), pp. 476-483.

Stiling, P. e Cornelissen, T. 2005. O que torna um agente de controlo biológico bem sucedido? Uma meta-análise do desempenho dos agentes de controlo biológico. Biological Control, 34: 236-246.

Sujatha, A., Rao, N.B.V.C., Varma, N.R.G. e Reddy, D.R. 2008. Influência dos parâmetros climáticos na formação da população de ácaros eriofídeos do coqueiro. Anais de Ciências da Proteção das Plantas, 16 (1): 215-217.

Szabo, A. e Nemeth, K. 2007. Novos dados sobre a fauna de Phytoseiidae (Acari: Mesostigmata, Phytoseiidae) da Hungria. Novenyvedelem. Agroinform Kiado, Budapeste, Hungria, 43 (8): 341-344.

Teich, Y. 1966. Ácaros da família dos Phytoseiidae como predadores da mosca branca do tabaco, Bemisia tabaci Grennadius. Israel J. Agric. Res., 16: 141-142.

Tomczyk, A. 1989. Physiological and Chemical Responses of Different Host Plants to Infestation by Spider Mites (Acarina: Tetranychidae). Imprensa da Universidade Agrícola de Varsóvia, Varsóvia, Polónia.

Trottin-Caudal, Y., Grasselly, D., Trapateau, M. e Villevieille, M. 1989. Principais ácaros encontrados em Solanaceae e Cucurbitaceae cultivadas em estufa em França. Infos, 57: 9-13.

Urbaneja, A., Leon, F.J., Gimenez, A., Aran, E. e Van Der Blom, J. 2003. Interaccion de Neoseiulus (Amblyseius) cucumeris (Oudemans) (Aca.: Phytoseiidae) en la instalacion de Orius laevigatus (Fieber) (Hem.: Anthocoridae) en invernaderos de pimiento. Bol Sanid Veg Plagas, 29: 1-12.

Van Haren, R.J.F., Steenhuis, M.M., Sabelis, M.W. e De Ponti, O.M.B. 1987. Tricomas do caule do tomateiro e sucesso de dispersão de Phytoseiulus persimilis relativamente à sua presa Tetranychus urticae. Experimental and Applied Acarology, 3: 115-121.

Van Rijn, P.C.J. e Tanigoshi, L.K.1999. O pólen como alimento para os ácaros predadores Iphiseius degenerans e Neoseiulus cucumeris (Acari: Phytoseiidae): gama alimentar e história de vida. Experimental and Applied Acarology, 23: 785- 802.

Vantornhout, I., Minnaert, H. L., Tirry, L. e Clercq, P.D. 2004. Effect of pollen, natural prey and factitious prey on the development of Iphiseius degenerans. BioControl, 49 (6): 627-644.

Wackers, F.L., Romeis, J. e Van Rijn, P. 2007. Nectar and Pollen Feeding by Insect Herbivores and Implications for Multitrophic Interactions. Revisão Anual de Entomologia, 52: 301-323.

Walter, D.E. e O'Dowd, D.J. 1992. Leaf morphology and predators: effect of leaf domatia on the abundance of predatory mites (Acari: Phytoseiidae). Environmental Entomology, 21: 478-484.

Walter, D.F. 1987. Life history, trophic behaviour and description of Gamasellodes vermivorax n. sp. (Mesostigmata: Ascidae), a predator of nematodes and arthropods. Canadian Journal of Zoology, 65: 1689-1995.

Watanabe, M.A., Moraes, G.J.D. e Gastaldo, J. 1994. Controle biológico do ácaro rajado (Acari: Tetranychidae, Phytoseiidae) em culturas de pepino e morango. Scientia Agricola, 51 (1): 75-81.

Weintraub, P., Kleitman, S. e Palevsky, E. 2005. Movimento diurno de ácaros predadores (Neoseiulus cucumeris), criados à luz ou no escuro, em pimento doce de estufa. Boletim OILB/ SROP, 28 (1): 313-316.

Weintraub, P.G., Alchanatis, V. e Palevsky, E. 2004. Distribuição do ácaro predador, Neoseiulus cucumeris, no pimento de estufa. Ata Horticulturae, 659: 281-285.

Weintraub, P.G., Kleitman, S., Alchanatis, V. e Palevsky, E. 2007. Factores que afectam a distribuição de um ácaro predador no pimento doce em estufa. Exp. Appl. Acarol, 42: 23- 35.

Wermelinger, B., Oertli, J.J. e Baumgirtner, J. 1991. Factores ambientais que afectam as tabelas de vida de Tetranychus urticae (Acari: Tetranychidae). III. Nutrição da planta hospedeira. Experimental and Applied Acarology, 12: 259-274.

White, N.D.G., Demianyk, C.J. e Jayas, D.S. 2003. Multiplicação de ácaros de produtos armazenados em cultivares canadianas de trigo e sementes oleaginosas. Avanços na proteção de produtos armazenados. Proc. da 8ª Conferência Internacional de Trabalho sobre Proteção de Produtos Armazenados, Reino Unido, 22-26 de julho, pp. 402-405.

Wiethoff, J., Poehling, H.M. e Meyhofer, R., 2004. Combinação de ácaros predadores que vivem nas plantas e no solo para otimizar o controlo biológico de tripes. Exp. Exp. Appl. Acarol., 34: 239-261.

Wijesekara, G.A.W. 2006. História de vida, desempenho reprodutivo e resposta funcional de Amblyseius sakalava, um potencial agente de biocontrolo do ácaro da aranha de duas manchas. Ceylon Journal of Science, Biological Sciences, 35 (2): 137-140.

Williams, M.E., Kravar-Garde, L., Fenlon, J.S. e Sunderland, K.D. 2004. Phytoseiid mites in protected crops: the effect of humidity and food availability on egg hatch and adult life span of Iphiseius degenerans, Neoseiulus cucumeris, N. californicus and Phytoseiulus persimilis (Acari: Phytoseiidae). Exp. Appl. Acarol., 32 (1/2): 1-13.

Wittmann, E.J. e Leather, S.R. 1997. Compatibilidade de Orius laevigatus Fieber (Hemiptera: Anthocoridae) com Neoseiulus (Amblyseius) cucumeris Oudemans (Acari: Phytoseiidae) e Iphiseius (Amblyseius) degenerans Berlese (Acari: Phytoseiidae) no biocontrolo de Frankliniella occidentalis Pergande (Thysanoptera: Thripidae). Exp. Exp. Appl. Acarol., 21: 523- 538.

Wu, K.M., Liu, X.C., Qin, X.Q. e Luo, G.Q. 1990. Investigação da resistência do ácaro da aranha do carmim (Tetranychus cinnabarinus) aos insecticidas. Ata Agricultura Boreali Sinica, 5: 117-123.

Wu, W.N., Liang, L.R. e Lan, W.M. 1997. Acari: Phytoseiidae. Economic Insect Fauna of

China. Science Press, Beijing, China, 53: 223 pp.

Xie, L., Miao, H. e Hong, X.Y. 2006. O ácaro de duas manchas Tetranychus urticae Koch e o ácaro carmim Tetranychus cinnabarinus (Boisduval) na China misturados na sua árvore filogenética de Wolbachia. Zootaxa, 1165: 33-46.

Xin, J.L., Liang, L.R. e Ke, L.S. 1981. Uma nova espécie do género Amblyseius da China (Acarina: Phytoseiidae). International Journal of Acarology, 7 (1/4): 75-80.

Zhang, Y., Zhang, Z.Q. Lin, J. e Ji, J. 2000. Potencial de Amblyseius cucumeris (Acari: Phytoseiidae) como agente de biocontrolo contra Schizotetranychus nanjingensis (Acari: Tetranychidae) em Fujian, China. Syst. Appl. Acarol. Publicação especial, 4: 109-124.

Zhang, Y.X., Zhang, Z.Q., Chen, C.P.J., Lin, Z. e Chen, X. 2001. Amblyseius cucumeris (Acari: Phytoseiidae) como agente de biocontrolo contra Panonychus citri (Acari: Tetranychidae) em citrinos na China. Syst. Appl. Acarol., 6: 35-44.

Zhang, Z.Q. 1995. Variance and covariance of ovipositional rates and developmental rates in the Phytoseiidae (Acari: Mesostigmata): a phylogenetic Consideration. Experimental and Applied Acarology, 19: 139-146.

Zhao, Z. e McMurtry, J.A. 1990. Desenvolvimento e reprodução de três espécies de Euseius (Acari: Phytoseiidae) na presença e ausência de alimentos suplementares. Experimental and Applied Acarology, 8: 233-242.

Zhou, A.N. e Chang, S.S. 1989. Estudos experimentais sobre as características biológicas de Amblyseius pseudolongispinosus (Acari: Phytoseiidae). Jornal Chinês de Controlo Biológico, 5 (4): 153-156.

Printed by Books on Demand GmbH, Norderstedt / Germany